LEÇONS DE COSMOLOGIE

ADRESSÉES A MONSIEUR LE VERRIER

Directeur de l'Observatoire de Paris

EN

Réponse à son rapport à S. Exc. le Ministre
d'Etat sur la théorie météorologique de
M. Mathieu (de la Drôme).

Lorsqu'un savant illustre se trompe,
il arrête son siècle.

Fiévet

ÉPERNAY

CHEZ AUG. FIÉVET, LIBRAIRE

—

1864.

LEÇONS DE COSMOLOGIE

ADRESSÉES A MONSIEUR LE VERRIER

Directeur de l'Observatoire de Paris

EN

Réponse à son rapport à S. Exc. le Ministre
d'Etat sur la théorie météorologique de
M. Mathieu (de la Drôme).

Lorsqu'un savant illustre se trompe,
il arrête son siècle.

ÉPERNAY

CHEZ AUG. FIÉVET, LIBRAIRE

1863

A Monsieur Le Verrier, directeur de l'Observatoire de Paris,

Monsieur,

Votre rapport à Son Excellence le Ministre d'Etat sur la théorie météorologique de M. Mathieu (de la Drôme), et inséré dans le *Journal des Débats*, à la date du 8 avril dernier, fut si longtemps à me parvenir au fond de ma province, que sans l'obligeance d'un ami qui en me le communiquant m'apprit son existence, j'ignorerais peut-être encore les bienveillantes conclusions qu'il contient pour les *chercheurs* des lois météorologiques ; et je viens en profiter, bien tardivement sans doute ; mais en fait de science il n'y a pas de prescription.

Permettez-moi d'abord de vous remercier, au nom de ces *chercheurs* obscurs, du progrès auquel vous appelez l'astronomie, hélas ! restée stationnaire depuis tant de siècles.

Vous comprenez fort bien et mettez en pratique cet

adage tout français : *Noblesse oblige;* car la haute position que vous occupez dans le monde des sciences ne vous éblouit pas au point de désespérer des progrès de l'avenir, ainsi que malheureusement cela arriva à votre illustre prédécesseur, à François Arago, lequel, selon moi, commit un fort grand blasphême contre la puissance humaine, lorsqu'il écrivit dans l'*Annuaire du bureau des longitudes* de l'an 1846 : « *La météorologie* NE SERA » JAMAIS *une branche de l'astronomie proprement dite;* » JAMAIS, *quelque puissent être les progrès des sciences,* » *les savants de bonne foi et soucieux de leur réputation* » *ne se hasarderont à prédire le temps.* »

Aussi, courroucé d'un aussi audacieux orgueil, m'écriaije, dans ma *Nouvelle physique céleste,* publiée en 1848, au moment même où François Arago était au souverain pouvoir politique : « Voilà, par un trait de plume tenant » lieu d'un trait de génie, l'astronomie bien vite débar- » rassée de sa plus épineuse difficulté, du problème à la » solution duquel les plus hautes intelligences humaines » se sont usées! »

Il y a donc un abîme entre le directeur de l'Observatoire de 1846 et le directeur de l'Observatoire de 1863; car vous écrivîtes les lignes suivantes dans votre rapport publié le 8 avril dernier :

« Nous ne refusons pas la discussion des faits accom- » plis, mais nous la voulons éclairée et vraie, et c'est » par ce motif que nous demandons à ceux qui veulent » prédire le temps de nous faire connaître les bases et » les principes sur lesquels ils se fondent; non pas, qu'on » le remarque bien, pour prononcer à un point de vue » théorique, mais afin de tenir compte de toutes les » observations antérieures et de nous décider non-seule- » ment sur les faits à venir, ce qui nécessiterait qu'on

» attendit de longues années, mais encore sur les faits
» déjà accomplis, ce qui peut se faire tout de suite. »

Vous ne refusez donc pas, Monsieur Le Verrier, la discussion sur la météorologie astronomique? et vous avez parfaitement raison; car la solution de ce problème touche aux plus importants intérêts matériels de l'humanité, solution que votre honorable prédécesseur traita avec un peu trop de dédain; mais vous la voulez éclairée et vraie, cette discussion; c'est aussi sur ce terrain que j'ai l'habitude de marcher, et si vous voulez bien m'y suivre, ma confiance dans votre loyauté autant que dans votre savoir, vous laissera décider si j'ai bien soulevé le voile sur les plus imposants problèmes astronomiques dont la solution n'est rien autre que la découverte des lois vraies de la météorologie astronomique.

Prédire le temps n'est certes pas une petite affaire, comme vous le savez; il faut tout d'abord être cuirassé de sciences : chimie, physique, mathématiques et astronomie, toutes les sciences y concourent; mais le *sine qua non* est au moins d'avoir une base vraie, de connaître la cause première de la météorologie astronomique, afin de lui appliquer les calculs.

Cette cause, me dira-t-on, existe dans les influences du satellite et du Soleil. Oui, certainement; mais quelle est l'influence du satellite? pour celle du Soleil tout le monde croit la connaître, et cependant bien du monde se trouve dans une grave erreur à ce sujet.

Eh bien, M. Le Verrier, je suis obligé de vous dire (ce que je ne voudrais certainement pas faire si je ne savais pas que l'amour de la science qui vous anime vous met au-dessus des vanités humaines), à vous-même, comme à tous vos collègues passés et présents en science astronomique, l'influence vraie de la Lune dans la météorologie de notre monde vous échappe.

Le passage suivant extrait de votre rapport du 8 avril dernier m'autorise vraiment à vous faire cette observation.

Vous dites : « La position de notre satellite par rapport
» au Soleil varie avec la phase, et il en est de même
» nécessairement des relations des *marées atmosphéri-*
» *ques produites par les deux astres.* Tantôt ces *marées*
» s'ajoutent et tantôt elles se retranchent. Ces *marées*
» sont, il est vrai, peu considérables ; elles ne s'accumu-
» lent point en certains lieux du globe comme les marées
» de l'Océan. Il était raisonnable toutefois de rechercher
» si elles n'ont aucune influence. »

Attribuer au satellite une influence importante sur les phénomènes météorologiques, je l'admets ; mais faire de cette influence la même que celle qui soulève deux fois par jour les eaux de l'Océan, c'est ce que je ne peux comprendre.

Comme ancien marin, je me rends parfaitement compte de l'influence attractive de la Lune et du Soleil sur la masse du liquide qui couvre presque les trois quarts de la surface de notre monde, parce que la pesanteur de cette masse de liquide, le plus lourd de tous ceux de la nature, peut permettre à l'attraction lunaire une certaine influence sur cette masse. Car la Lune, en raison de son attraction qui est relative pour notre planète, lorsque l'attraction du Soleil est absolue, est fort bien disposée pour produire cette élévation des eaux de nos océans, surtout dans les syzygies.

Pourquoi ? parce que, soit que la Lune se trouve en conjonction, soit qu'elle se trouve en opposition, l'attraction absolue de la masse de la Terre par le Soleil rend évidemment les eaux de l'Océan moins adhérentes à leur fond, ce qui permet alors à l'attraction lunaire de pouvoir soulever la masse de ces eaux avec plus de facilité, surtout dans *certaines autres circonstances* favorables à cette élévation que j'expliquerai plus loin.

D'ailleurs, si ce n'était pas m'écarter trop de mon but, je pourrais tout de suite affirmer géométriquement et physiquement que les marées sont produites aussi bien par l'attraction lunaire que par *une certaine répulsion lunaire,* dont j'espère bientôt vous démontrer l'existence, car elle tient singulièrement aux phénomènes météorologiques.

Eh bien, M. Le Verrier, cette influence attractive de la Lune sur la masse des eaux de l'Océan, je veux bien un moment l'admettre tout entière ; mais *raisonnablement* peut-on supposer qu'elle se produit sur les météores aqueux ou nuages qui flottent dans l'atmosphère de la Terre, ainsi que des glaires sur un liquide, image peu poétique, mais qui peint parfaitement ce phénomène ?

Non, certainement ; cette supposition ferait croire que celui qui l'émettrait sérieusement ne connait même pas les notions premières de la physique, car il se heurterait immédiatement contre sa première loi. Effectivement que sont les météores aqueux ou nuages ? Des vapeurs d'eau que la chaleur solaire fait dégager journellement de la surface des eaux et des mers qui couvrent une grande partie de notre monde. En raison de leur légèreté, ces vapeurs s'élèvent de la surface dans l'atmosphère à une hauteur de quelques dixaines de kilomètres à peine, c'est-à-dire que ces vapeurs cessent leur mouvement d'ascension dès qu'elles ont déplacé une masse d'air dont le poids fait équilibre au leur, hauteur qui est encore soumise à une cause secondaire des plus capricieuses, à la dilatation de l'air atmosphérique que règle sa température si variable.

Ainsi, à cette minime distance des nuages à la surface de la Terre, distance que par exagération je veux bien admettre un moment de 10 à 15 lieues, il est bien avéré à chaque instant que l'attraction de la Terre n'a aucune influence sur ces nuages tant qu'ils ne sont pas ramenés par une cause quelconque à leur primitif état, à l'état liquide ou d'eau, et on prétendrait, contre toute logique, contre toutes les lois de la nature, que la Lune aurait une influence attractive sur ces nuages, la Lune en moyenne éloignée de la Terre de 84,515 lieues, et dont encore, en raison de cette grande distance du satellite aux nuages de la Terre, l'attraction sur ces nuages diminue comme le carré de cette distance augmente ! ! !

Ainsi la théorie (que dis-je? ce qui mérite le nom de théorie doit au moins ne jamais blesser le bon sens), la pensée donc que la Lune peut avoir une influence attractive sur les nuages de la Terre, et qu'elle produit en conséquence des *marées atmosphériques*, est une véritable erreur que doit rejeter tout homme initié à la science physique, « enfin tout savant (comme aurait dit François » Arago), soucieux de sa réputation. »

C'est aussi à ce point de vue d'attraction lunaire que je conçois que vous avez écrit « *que les discussions les* » *plus attentives n'ont pas jusqu'ici mis en évidence* » *l'influence de la phase de la Lune sur le temps,* » et je le crois bien.

Effectivement, M. Le Verrier, vous et aucun autre savant vous ne pourrez rien tirer de l'influence vraie de la Lune sur la météorologie terrestre tant que vous voudrez retirer cette influence directement de la force attractive du satellite, surtout en vous appuyant sur ce que cette force produit bien le phénomène des marées.

Sans doute la découverte de la force attractive est une

des belles conquêtes faites par l'esprit humain ; mais on en abuse trop. On a voulu et on veut encore tout résoudre par elle ; ne chercha-t-on pas aussi de lui soumettre les mouvements moraux, et de faire sortir de ses données une nouvelle société humaine !

En vérité, l'attraction est bien le premier moteur de la mécanique céleste ; mais seule elle n'aurait jamais produit qu'une masse inerte. La vapeur qui lance la locomotive dans l'espace est aussi toute-puissante ; mais si la locomotive, retenue sur ses rails par son poids énorme, n'offrait pas à la vapeur une résistance à vaincre, la locomotive ne recevrait de la vapeur aucun mouvement de translation.

C'est qu'en mécanique pour produire un mouvement il faut deux forces ; que l'une soit produite par l'autre, comme nous le verrons dans la mécanique céleste (où l'attraction enfante réellement la répulsion appelée à lui résister), là n'est pas la question ; mais il faut au moins, en pratique, calculer les effets de ces deux forces luttant sans cesse entr'elles ; et si l'on ne fait entrer que les éléments d'une seule force, comme on le fit jusqu'ici pour l'attraction, l'homme s'égare et tombe dans les plus étranges méprises qui l'écartent de la vérité et ainsi de toutes découvertes utiles.

Les *chercheurs* qui veulent prédire le temps, comme vous appelez ces pionniers infatigables de l'avenir, enfants terribles sans doute, qui lancent souvent la science au-delà des limites où l'orthodoxie académique la restreint, ces *chercheurs* enfin ne sont pas les seuls qui se soient laissés égarer par cet enthousiasme irréfléchi pour l'attraction universelle.

Parmi les plus beaux génies dont l'humanité puisse s'énorgueillir, je n'en prendrai que deux et des plus puissants : Newton et Laplace.

Pourriez-vous m'expliquer, monsieur Le Verrier, ce que c'est que la force de projection de Newton? Si elle n'est pas une absurdité complète, elle est au moins un palliatif bien pauvre à une force inconnue dont on sent l'existence, mais qu'on ne peut définir.

Pourriez-vous me dire ce que vous pensez des calculs de Laplace sur la météorologie planétaire, c'est-à-dire sur les degrés de chaleur et de lumière que chaque planète reçoit du Soleil?

Absurdités! absurdités! parce que ces calculs se heurtent contre la logique de toutes les sciences, et qu'ils attireraient certainement le sourire sur vos lèvres s'ils étaient produits par quelques astronomes inconnus, par quelques *chercheurs* de notre espèce.

Et comment voulez-vous que nous autres, *astronomes amateurs,* ne travaillant que pour la science et pour le vrai, nous puissions rester dans ce cercle d'une science vaine s'imposant à la science vraie, dont elle étoufferait infailliblement les germes les plus vivaces, s'il était jamais permis à l'erreur de tuer la vérité.

Bref, êtes-vous désireux de connaître les lois véritables de la météorologie astronomique, car ces lois existent, leur existence n'étant soumise à aucune fin de non-recevoir académique?

Pour vous l'apprendre, Monsieur Le Verrier, il me faut, croyez-le bien, non pas battre en brèche la théorie newtonienne, mais bien la compléter; car, vraiment, en astronomie on ne connait jusqu'ici que la moitié des choses, parce qu'on reste toujours dans les limites restreintes de la loi attractive, de laquelle loi on prétend faire sortir tous les mouvements planétaires, lorsque ces mouvements ne naissent (comme j'espère bien vous le démontrer par des chiffres et les données de toutes les sciences), que de l'excès de la force de répulsion sur la force attractive, répulsion née, il est vrai, directement de l'attraction.

Comme, par un jeu admirable des conceptions divines, la vitesse des mouvements planétaires est toujours la même, soit qu'on la retire de la force répulsive ou de la force attractive, il peut sembler que ce soit fort indifférent de la faire sortir soit de l'une ou de l'autre force; eh bien, non, Monsieur, il n'y a pas de demi-vérité; et, en attribuant les mouvements planétaires à la seule force attractive, vous castrez l'astronomie, vous tombez dans l'erreur funeste des *marées atmosphériques,* d'immenses découvertes astronomiques vous échappent, entr'autres la météorologie astronomique, cette nouvelle science qui marquera notre siècle, et vous paraît jusqu'ici, d'après l'aveu de votre illustre prédécesseur, une impossibilité humaine, le désespoir de l'avenir, lorsque vraiment la météorologie astronomique n'est qu'une conséquence immédiate de la force répulsive d'où elle se développe fort naturellement.

Vous voyez, Monsieur Le Verrier, que je suis déjà bien loin, en météorologie, des *marées atmosphériques;* nous nous tenons donc tous deux aux deux pôles opposés: vous à l'attraction; moi à la répulsion sidérale.

Voilà en astronomie deux bannières bien distinctes: sous la vôtre, vous qui tenez la première place dans le monde scientifique; sous la vôtre, tous les partisans de l'attraction quand même, toutes les académies du globe et les sceptiques; sous la mienne, rien!.... moi qui ne suis rien! Mais armé de faits et de chiffres, je ne crains pas de livrer bataille aux plus puissants préjugés qui momifient l'astronomie.

Je suis audacieux, direz-vous? Cependant je le suis le

moins du monde. Est-ce ma faute, à moi, si on n'a pas voulu se donner la peine d'approfondir, comme moi, cette grande œuvre qu'on appelle la création, et dont la majesté n'a d'égale que le sublime de la simplicité des conceptions qui la firent sortir du néant.

J'ai considéré comme erronés les calculs de Laplace sur la température atmosphérique que les planètes peuvent recevoir du Soleil: il me reste donc tout d'abord à vous démontrer que, s'appela-t-on Laplace ou Newton et même... Arago, on peut fort bien commettre de graves erreurs; ce qui naturellement, puisque *errare humanum est,* doit attirer toute l'indulgence possible sur ces travailleurs consciencieux, ces *chercheurs obscurs* de l'astronomie, qui, vraiment, n'ont pas toujours autant péché contre la vérité.

Je vous ferai observer, avant tout, qu'ici je suis loin de vouloir batailler sur des personnalités, comme pourrait le présumer quiconque ne me connaîtrait pas assez pour ne pas apprécier qu'ici je ne veux que défendre la science.

Car qu'importent des noms dans ce grandiose sujet où l'homme est un ciron disparaissant devant la majesté de l'œuvre divine, dont l'astronomie nous dévoile l'intelligence, seul titre à quelque orgueil collectif humain.

Prenons l'homme dont le génie fut le plus vaste, et dans ses conceptions les plus sublimes, nous trouverons toujours qu'il y fut amené, non pas uniquement par l'essor de son propre génie, mais bien par la somme des connaissances où son siècle était déjà arrivé. Il fit des emprunts à chacun, même aux plus minimes intelligences. Ainsi ne pas reporter à l'humanité entière la gloire de nos découvertes, c'est enlever à chacun sa portion de gloire collective.

En fait de sciences qu'aurions-nous été si nous eussions vécu il y a cinq siècles, intervalle comptant à peine un instant dans l'éternité? Que serons-nous dans cinq siècles pour nos arrière-neveux? Ce que nos ancêtres sont à cette heure devant nos sciences acquises : rien!

Aussi devant ce néant des vanités humaines qui paraissent même les mieux assises, j'aurais gardé l'anonyme si la loi n'obligeait pas tout auteur à la responsabilité de ses écrits que sa signature lui impose.

Avant toutes choses, avant les personnalités quelles qu'elles soient, pour moi doivent dominer et domineront toujours l'utile pour l'humanité et l'intérêt de la science.

Ainsi, lorsque pour se produire et se maintenir dans le professorat, une erreur, comme l'ivraie dans le bon grain, se couvre de noms par tant de titres aussi justement illustres que ceux de Newton, de Laplace et même de Le Verrier (car libre de préjugés et de pensée j'arrive toujours à rendre à César ce qui est à César et à Dieu ce qui est à Dieu), il ne faut pas attendre de moi la faiblesse de reculer devant l'obligation forcée de découvrir un peu ces noms glorieux, afin de pouvoir déraciner cette erreur qui s'abrite sous leur autorité.

Cette profession de foi posée, je passe à la disceptation des calculs de Laplace sur la météorologie planétaire.

Voici, comme vous le savez fort bien, la base des calculs de Laplace sur la lumière et la chaleur qu'il prétend que le Soleil expédie aux planètes, dans la supposition non moins erronée que le Soleil est un globe en ignition continuelle.

Les rayons calorifiques et lumineux émanés du Soleil forment une pyramide dont le sommet est supposé au centre du Soleil et la base est mesurée par la surface des planètes tournée vers cet astre.

Comme les rayons qui forment cette pyramide sont divergents, la base va toujours en s'élargissant à mesure que la planète s'éloigne du Soleil ; en conséquence, cette planète est de moins en moins éclairée et échauffée, puisque sa surface restant la même, reçoit de moins en moins de rayons solaires ; car à deux distances le diamètre de la base de la pyramide est double de ce qu'il est à une distance, et son aire est quadruple. Donc sur un espace donné les rayons y sont quatre fois plus rares. Ainsi, la lumière et la chaleur qui viennent directement par émission du Soleil doivent s'affaiblir en raison du carré des distances.

Appliquant cette loi d'optique aux calculs de la chaleur que chaque planète reçoit du Soleil, Laplace nous dit :

Mercure reçoit du Soleil 6 fois 66 centièmes de fois plus de chaleur et de lumière que la Terre, parce que sa distance au Soleil est 2 fois 58 centièmes de fois moindre et que 6,66 est le carré de 2,58. Donc la température atmosphérique de Mercure dépasse celle de l'eau bouillante ; et ses eaux sont toujours à l'état de vapeur fort dilatée. (Voici, avouez-le, un globe bien inutile aux règnes végétal et animal).

La quantité de lumière et de chaleur que Vénus reçoit du Soleil ne contient qu'une fois 91 centièmes de fois celles de la Terre, carré de 1,38 quotient de la distance de la Terre et de Vénus au Soleil, et dont Vénus est plus proche. (Vénus serait ainsi de toutes les planètes du premier ordre, l'unique qui aurait quelque rapport avec la Terre).

Mars ayant sa distance au Soleil 1,54 fois plus grande que celle de la Terre, 2,31 carré de 1,54 est donc la quantité de lumière et de chaleur que Mars reçoit du Soleil de moins que celle reçue du même astre par la Terre.

Jupiter ayant sa distance au Soleil 5 fois 20 centièmes de fois plus grande que celle de la Terre au Soleil, 27,04 étant le carré de 5,20 est la quantité de lumière et de chaleur solaires que Jupiter reçoit de moins que la Terre. (Jupiter, le colosse planétaire de notre système solaire, dont le volume est 1,414 fois plus gros que celui de la Terre, serait donc un effroyable glacier dont la pensée de l'homme ne pourrait jamais s'élever à la connaissance de toute l'horreur, n'ayant pas en son pouvoir de comparaison à lui faire).

Saturne étant éloigné du Soleil 9 fois 53 centièmes de fois de plus du Soleil que ne l'est la Terre, et 90 étant le carré de 9,53, Saturne reçoit donc du Soleil 90 fois moins de lumière et de chaleur que n'en reçoit la Terre. (Ce qui fait de Saturne, dont le volume est 734,8 fois plus grand que celui de la Terre, un glacier plus de 3 fois plus horrible que ne le serait Jupiter, déjà si horriblement prodigieux).

La distance d'Uranus au Soleil étant 19,18 fois plus grande que celle de la Terre à ce même astre, et 367,87 étant le carré de 19,18, Uranus reçoit donc du Soleil 367,87 fois moins de lumière et de chaleur que n'en reçoit la Terre et 4 fois environ moins encore que Saturne.

Réellement l'adoption jusqu'ici de telles erreurs par tout le monde savant a quelque chose d'étrange.

Pour quel but auraient été créés ces vastes globes auprès desquels la Terre et Vénus, seules planètes exemptes de ces horreurs, ne sont que des mondes infiniment petits, des atomes planétaires, mais aussi les seuls ayant reçu le singulier privilège de pouvoir produire l'organisme animal et végétal.

Dieu, désirant connaître toute l'étendue de sa puissance, sentiment qu'on ne peut lui prêter un seul instant (puisque ce sentiment tout humain n'est que la conscience de la faiblesse propre à l'humanité), aurait-il fait des genres de matières particulières pour chaque planète, et leur imposant des différences d'action si diamétralement opposées que ce qui produirait, sur un globe, de la lumière et de la chaleur serait pour un autre globe une cause de froid et de ténèbres, et *vice-versa*?

Alors il aurait été inutile à l'homme de vouloir s'élever à l'intelligence des conceptions qui réglèrent la création; car il lui manquerait toujours un point de comparaison, et tous les calculs de nos savants, leurs recherches les plus laborieuses les amèneraient éternellement à ce fatal dilemme : *Qu'ils ne savent rien, et ne peuvent rien apprendre.*

Heureusement qu'il n'en est pas ainsi; Dieu ne le voulut pas; car loin d'avoir posé des bornes au génie de l'homme, il semble au contraire s'être complu à faire sortir de la matière, un être, un fils, un dieu créé, l'homme enfin, pour que cet être créé intellectuel avant tout puisse comprendre et jouir de l'intelligence de sa grande œuvre, la création.

Aussi l'homme ne naît pas, ainsi que les autres animaux, seulement commensal de notre planète, mais la science en fait bien un dieu secondaire, un dieu créé; car la science humaine n'est-elle pas le réflecteur de la puissance divine?

Et ce qu'il y a de réellement sublime et de divin, en ceci; c'est que l'acquisition de cette science n'est pas un privilège réservé à quelques hommes : elle est du domaine de tous. La preuve de cette vérité métaphysique réside dans ce fait historique : que la science humaine est toujours poussée en avant par des hommes qui n'ont reçu nulle mission officielle de le faire.

La loi de gravitation universelle, à laquelle sont soumises toutes les sphères du firmament, prouve suffisamment que tous ces mondes sont procréés d'une matière homogène.

Ainsi, il doit se produire sur la surface de chaque globe planétaire les mêmes phénomènes qui naissent sur la Terre, lorsque ces globes se trouvent sous les mêmes influences sidérales et atmosphériques que notre monde; c'est alors que nous avons dans la Terre un point de comparaison.

Une dernière réflexion suffit pour mettre à néant tous les calculs de Laplace sur sa météorologie planétaire, c'est que, d'après leurs conséquences, Saturne et Jupiter recevraient réellement du Soleil une lumière qui serait pour Saturne 90 fois, et pour Jupiter 27 fois moindre que celle que reçoit la Terre du même astre.

Alors ces énormes planètes n'auraient donc jamais pu être aperçues de la Terre à l'œil nu, ainsi qu'elles le furent depuis une antiquité qui se perd dans la nuit des temps; car il faudrait encore diminuer cette faible lumière reçue du Soleil par ces deux planètes comme augmente le carré de leur distance à la Terre, leur lumière réfléchie devant diminuer dans ce rapport son intensité pour un observateur de la Terre.

Comme loin d'en être ainsi, Jupiter est au contraire une des plus brillantes planètes de notre système solaire, que nous pouvons distinguer à l'œil nu. Laplace s'est singulièrement égaré; ou pour mieux dire, Laplace n'a, dans ses calculs de la météorologie planétaire, appliqué que la moitié des éléments.

Effectivement, M. Le Verrier, la base des calculs de Laplace est géométriquement vraie en optique; mais Laplace, comme ses prédécesseurs et successeurs dans l'explication des phénomènes astronomiques, n'a résolu qu'à moitié le problème. Il s'est arrêté en route. Il aurait dû ajouter.

Oui, l'émission de la chaleur et de la lumière par le Soleil diminue en raison du carré des distances des planètes à cet astre ; mais toutes les planètes du premier ordre sont enveloppées d'une atmosphère, dont la profondeur des couches, sans avoir besoin de la calculer rigoureusement, est proportionnelle à la masse de leur planète, et, sans crainte d'erreur, peut être considérée comme étant d'une centaine de lieues au moins.

La densité des atmosphères planétaires, ainsi que celle de l'atmosphère de la Terre, augmente, sans aucun doute, comme le carré de leur profondeur diminue de l'espace vers la surface du globe. Or, si Laplace demandait la solution du problème de la météorologie planétaire aux lois d'optique, il aurait dû au moins se servir aussi de celle-ci, qui est la première de cette science : *Les rayons lumineux et caloriques en pénétrant d'un milieu plus rare dans un milieu de plus en plus dense, de divergents deviennent insensiblement convergents.*

C'est surtout en astronomie que cette loi reçoit son exécution ; car cette réfrangibilité des rayons solaires provient de l'affinité ou attraction des corps pour le fluide lumineux. Comme la somme de l'influence attractive d'un globe est vers son centre, les rayons solaires sont donc attirés dans la direction de ce centre. Tous tendent à converger vers ce point, qui serait le foyer où tous se réuniraient, si la surface opaque de la planète ne les coupait pas par son interposition.

Ainsi, les rayons solaires étant toujours attirés dans la direction du centre des planètes, cette cause seule existant les ferait entrer obliquement dans l'atmosphère de ces globes, lors même que la constitution de cette atmosphère ne les ferait pas aussi converger vers leur centre de gravité.

Tout dans une planète, son attraction, sa forme sphérique et ses constituants atmosphériques, travaille à faire converger les rayons solaires vers un foyer unique, en rassemblant dans les régions supérieures de son atmosphère les rayons divergents du Soleil pour les réunir en une masse pyramidale, dont le sommet se dirigerait dans la direction du centre de la planète, si la surface opaque de celle-ci ne s'interposait pas à leur passage.

Les rayons solaires forment ainsi de la surface du Soleil à la surface des planètes un immense fuseau lumineux par la rencontre des bases de deux pyramides lumineuses, s'unissant l'une à l'autre à leurs bases, l'une produite par le Soleil résultant de son émission de rayons lumineux divergents, comme nous l'avons vu plus haut, et l'autre produite par l'attraction planétaire rendant ces mêmes rayons lumineux de divergents convergents, sans aucune interruption ni interception.

Or, en ne considérant que l'effet attractif de la planète sur ces rayons de lumière, ces derniers forment donc par leur convergence une pyramide dont le sommet s'élance vers le centre de la planète, et ainsi ils occupent, à nombre égal, un espace qui diminue comme diminue le carré de leur distance à la surface de la planète ; car, à une distance double, ces rayons y sont quatre fois plus rares.

Il est reconnu en optique que, de quelque manière que les rayons solaires sont réunis, ils produisent une chaleur et une lumière d'autant plus puissantes qu'ils *se trouvent réunis en plus grande quantité dans un plus petit espace.*

Ainsi l'intensité lumineuse et calorifique des rayons solaires qu'une planète rassemble dans l'espace et attire dans la direction de son centre, augmente du firmament à la surface de la planète comme diminue le carré de la profondeur de l'atmosphère de cette planète.

L'interception des rayons solaires par la surface opaque des planètes coupant leur pyramide lumineuse, celle-ci se trouve tronquée à la surface des planètes; mais ses conséquences touchant ses degrés de lumière et de chaleur n'en suivent pas moins les mêmes rapports. Ce qui fait que le *maximum* de lumière et de chaleur des rayons solaires se trouve à la surface de la planète; car c'est à ces régions seules qu'ils sont en plus grande quantité dans un plus petit espace.

La surface totale de l'hémisphère planétaire tourné vers le Soleil, et qu'on appelle hémisphère éclairé, mesure la troncature de cette pyramide lumineuse, dont l'axe est la droite qui joint le centre de la planète au centre du Soleil. Tout le *maximum* de la lumière et de la chaleur solaire pour l'hémisphère éclairé d'une planète est donc aux régions où tombe directement cet axe; et de ce point, qui est le midi, l'intensité de la lumière et de la chaleur solaires va en décroissant du midi à l'est et à l'ouest, et de l'équateur aux pôles nord et sud, lorsque le Soleil est à l'équinoxe.

Si les détails multiples que je pourrais demander à cette théorie ne sortaient pas de mon but, je pourrais, Monsieur Le Verrier, vous donner immédiatement la solution d'une infinité de problèmes météorologiques lumineux, découlant naturellement de ces lois d'optique, dont il vous est impossible de nier l'exactitude physique et géométrique.

Vous êtes donc obligé de dire avec moi, ce qu'aurait dû dire Laplace :

L'intensité de la chaleur et de la lumière émises du Soleil est relative au nombre des rayons solaires réunis dans un espace donné ; le degré de chaleur et de lumière que chaque planète reçoit du Soleil n'est pas seulement en rapport du carré de sa distance à cet astre, mais il est aussi en rapport direct de l'étendue de la surface antérieure de la planète.

En soumettant cette théorie aux calculs nous trouverons que toutes les planètes du premier ordre reçoivent chacune autant de chaleur et de lumière du soleil, si ce n'est Mars et Jupiter, anomalie qui, loin de venir détruire la règle, viendra nous ouvrir le vaste champ des découvertes touchant l'influence directe des satellites des planètes sur leur météorologie planétaire.

En raison de sa distance du Soleil, 2,58 fois plus petite que celle de la Terre au même astre, Mercure doit recevoir 6,66 fois plus de rayons solaires que ne le fait la Terre, car 6,66 est le carré de 2,58, quotient des distances de la Terre et de Mercure au Soleil ; mais la surface antérieure de la Terre, étant de 25,782,033 lieues et contenant 6,66 fois 3,870,026 lieues (surface antérieure de Mercure), intercepte donc 6,66 fois plus de rayons solaires que ne le fait la surface de Mercure. Il y a donc balance exacte de quantité de rayons solaires reçue par ces deux planètes, c'est-à-dire que toutes deux reçoivent du soleil une quantité de lumière et de chaleur absolument semblable.

Appliquez ces mêmes calculs à la distance et à la surface antérieure de Vénus, vous trouverez qu'il en est de même pour Vénus : même quantité de lumière et de chaleur reçue.

Mars, qui est encore dans le travail de sa perfection, déroge un peu de cette similitude de température atmosphérique ; car Mars reçoit 2,27 fois moins de rayons solaires que la Terre, sa distance et sa surface antérieure comparés. Aussi, Mars nous paraît-il la seule de toutes les planètes qui soit d'une lumière trouble et rougeâtre, assez semblable à celle de nos hautes latitudes et des aurores polaires ; car ces météores lumineux doivent se produire sur cette planète, avec une grande intensité, par les mêmes causes qui produisent les aurores polaires de la Terre.

Passez maintenant au colosse du système solaire, à Jupiter, vous trouverez que sa surface antérieure contient 134 fois celle de la Terre, c'est donc 134 fois plus de rayons solaires, et ainsi de lumière et de chaleur que Jupiter intercepte de plus que la Terre ; mais sa distance au Soleil est 5,20 fois plus grande que celle de la Terre à cet astre, et 27 est le carré de 5,20.

Alors, comme en raison de sa distance 5,20 fois plus grand, Jupiter intercepte 27 fois moins de rayons solaires lorsque sa surface plus grande lui en fait intercepter 134 fois plus, la quantité de rayons solaires reçue par Jupiter n'est donc plus que 4,96 fois plus grande que celle reçue par la terre, 4,96 étant le quotient de 134 divisé par 27 ; c'est-à-dire que Jupiter doit recevoir 5 fois environ plus de lumière et de chaleur du soleil que n'en reçoit la Terre.

Pour la lumière, oui, Jupiter en reçoit bien 4,96 fois plus que la Terre ; ce qui fait que cette planète nous paraît aussi brillante quoiqu'à une distance fort grande de la Terre ; mais pour la chaleur atmosphérique, non, Jupiter n'en reçoit pas plus que la Terre, comme j'espère bien vous le démontrer bientôt, en raison de l'influence frigorifique de ses quatre satellites, lorsque la Terre ne possède qu'un satellite.

Saturne n'échappe pas à cette loi, car cette planète ne reçoit ni plus ni moins de rayons solaires que la Terre,

toujours en raison de l'étendue de leurs surfaces compa
rées, c'est-à-dire que leur température asmosphérique est
absolument semblable.

En effet, la distance de Saturne au Soleil étant 9,53 fois
plus grande que celle de la Terre, lui fait intercepter
90 fois (carré de 9,53) moins de rayons solaires; mais sa
surface antérieure étant de 2,215,206,273 lieues et contenant 90 fois 25,782,033 lieues, surface antérieure de la
Terre, lui fait intercepter 90 fois plus de ces rayons.
Donc il y a balance complète, pour Saturne, comme pour
Mercure, Vénus et la Terre.

Mais si vous voulez faire entrer dans les éléments des
calculs l'étendue de 18,563,063,760 lieues, surface plane
de l'anneau de Saturne, vous obtiendrez ceci : que Saturne
intercepte dans certaines positions de son anneau, 8 fois
plus de rayons solaires que ne le fait la Terre. Pour l'effet
lumineux, oui, je l'admets, mais pour l'intensité de la
chaleur atmosphérique, je ne l'admets pas, ayant à vous
prouver que les huit satellites de Saturne, comme les
quatre de Jupiter et celui de la Terre, savent mettre bon
ordre à un trop grand excès de chaleur planétaire, car ils
sont en effet de parfaits régulateurs destinés à maintenir
toutes les planètes à la même similitude de température
atmosphérique.

Tels sont les résultats des calculs sur la météorologie
planétaire que nous fournissent les lois de l'optique.

Ai-je touché à une vérité réelle? non, monsieur Le Verrier, non. Pourquoi? c'est que je ne peux croire ce qu'ad-
mettrait cette théorie, que le Soleil est un corps en ignition continuelle, faisant ainsi de cet astre géant (dont la
masse, d'après même l'ancienne théorie, est 800 fois plus
grande que la somme de toutes les masses des planètes
connues), un globe immense sans utilité pour lui-même,

et lequel semblerait n'être créé que pour l'usage de quelques globules telles que sont près de lui toutes nos planètes de premier ordre.

D'ailleurs l'émission d'un fluide calorifique provenant de l'embrasement d'un globe ne peut être admise en physique, surtout lorsque ce globe se trouve à des distances prodigieuses comme l'est le Soleil pour ses planètes; car le calorique ne peut franchir, comme la lumière, les couches d'air atmosphérique, lesquelles sont pour lui de très-mauvais conducteurs; aussi le concentrent-elles toujours vers le foyer de sa combustion.

Je pourrai vous citer encore plusieurs autres causes s'opposant à la pensée que le Soleil peut nous envoyer de la chaleur, et la principale est que le Soleil n'est pas un corps en ignition, mais un globe éclairé et chauffé absolument par le même mode que ses planètes et par ses planètes. Pour le moment je vous laisse parfaitement libre de traiter d'utopie cette hypothèse; mais je ne tarderai pas à vous démontrer combien sa réalité est manifeste.

Cependant si le Soleil ne nous envoie pas de chaleur de sa surface, il est au moins évident qu'il nous émet de la lumière, dont l'intensité suit les deux lois d'optique que je viens d'exposer et d'appliquer à chacune des planètes du premier ordre.

Mais cette lumière est d'une nature fort différente de celle qu'on lui attribue généralement; elle est blanche et produit les phénomènes des couleurs; ses rayons sont désoxydants et enfin absolument contraires aux rayons lumineux jaunes et oxydants, lesquels sont les seuls rayons lumineux calorifiques, car ils proviennent d'une véritable combustion atmosphérique.

Ne croyez pas non plus que ce soit un paradoxe bien hasardé que d'avancer ici que le Soleil engendre deux modes de lumières pour ses planètes : l'une (dont je suis à la recherche de l'origine), oxydante, calorifique, de couleur jaune, c'est-à-dire née d'une véritable combustion ; l'autre désoxydante, de couleur blanche et émise du Soleil, laquelle suit les lois d'optique ci-dessus précitées, et engendre dans l'atmosphère de la Terre une infinité de météores lumineux, car elle est la source des couleurs des corps et d'une infinité de phénomènes électriques et magnétiques.

Ceci est si vrai, Monsieur Le Verrier, que c'est par ces données, lorsque le roi Louis-Philippe dépensait quelques millions de francs pour des expéditions envoyées dans les mers polaires à la recherche du pôle magnétique, que j'ai pu, alors encore jeune homme, et ayant à Paris ma chère mansarde du cinquième étage pour temple de mes études, trouver que ce pôle magnétique, à la recherche duquel se dépensaient tant de courage et d'argent, se tenait toujours sur le 75° 22' de latitude nord, et qu'il avait, sur ce parallèle qu'il ne quitte pas, un mouvement constant et régulier.

Effectivement, il résulte de l'uniformité même de ce mouvement et de la constance du pôle magnétique sur le 75° 22' de latitude nord, qu'il est impossible que les angles observés de la déclinaison magnétique puissent paraître s'ouvrir ou se fermer régulièrement à un observateur placé à Paris.

Aussi, traçant sur la surface de la Terre des triangles dont un des trois angles, l'angle de déclinaison magnétique, aboutissait à l'observatoire de Paris, ai-je toujours trouvé, par les calculs trigonométriques les plus exacts, mes angles calculés de déclinaison magnétique correspondre aux angles observés de cette déclinaison pour toutes les époques où ils avaient été observés à Paris, et cela depuis la découverte de la déclinaison magnétique, c'est-à-dire pendant plus de deux siècles.

Voici, et vous en conviendrez avec moi, Monsieur Le Verrier, un résultat magnifique et fort utile pour la marine et la science en général, et lequel entre dans ce que vous dites dans votre Rapport sur la météorologie de M. Mathieu (de la Drôme) « *qu'il faut tenir compte de toutes les ob-* » *servations antérieures et de ne décider non-seulement* » *sur les faits à venir, ce qui nécessiterait qu'on attendît* » *de longues années, mais encore sur les faits déjà ac-* » *complis, ce qui peut se faire tout de suite.* »

Ainsi, comme le magnétisme terrestre est un phénomène qui tient parfaitement, *selon moi*, à la météorologie de notre planète, vous pouvez donc immédiatement (en attendant les éléments d'autres calculs dont j'espère bientôt vous soumettre l'abondante moisson), faire établir, pour le passé, des calculs trigonométriques sur les données exactes que je viens de vous offrir sur ce mouvement régulier du pôle magnétique sur le 75° 22' latitude nord, comme je l'ai fait jadis; et puis, les appliquant pour l'avenir, j'espère bien, Monsieur, que vous voudrez bien nous prophétiser chaque année, dans la *Connaissance des temps*, les angles de déclinaison magnétique pour Paris; ce qui comblerait une lacune regrettable, et serait d'une utilité très-importante pour la marine, tout en nous conduisant infailliblement, avec l'aide des officiers de marine et des voyageurs, à des découvertes nouvelles et non moins utiles dont j'entrevois déjà l'existence.

Sans doute j'aurais encore bien des solutions à vous retirer de cette théorie de la lumière solaire divisée en deux modes fort distincts et ayant chacun une origine différente, mais je vous avoue, Monsieur Le Verrier, que le temps me manque, et que par cela même je n'aime

traiter et publier que des questions utiles à l'humanité ;
pour le reste, pour le simplement curieux des sciences,
ce sont des attributions qui n'appartiennent en quelque
sorte qu'à l'art, et généralement je les conserve pour moi,
comme un artiste conserve dans son album ses legères
productions.

Maintenant cherchons l'origine de la lumière jaune,
oxydante et la seule calorifique, laquelle n'est pas émise
du Soleil, mais bien ségrégée par son influence du sein
de l'atmosphère de la Terre et des autres planètes, influence encore inconnue ; car aucun auteur, aucun physi-
cien, aucun astronome ne se doute même pas de l'existence de cette lumière ségrégée, la confondant toujours
avec la lumière émise, la lumière blanche, désoyxdante
et colorante. Effectivement ces deux lumières, quoique
fort différentes en propriétés chimiques et physiques, se
confondent en agissant toujours simultanément.

Mais une découverte dans les sciences exactes ne s'im-
provise pas, comme vous le savez, et pour l'atteindre on
est obligé de passer par l'explication d'une infinité de
phénomènes secondaires qui lui sont adhérents, ou pour
mieux dire elle ne peut être que le corollaire d'autres
découvertes ; car toutes les lois naturelles s'enchaînent de
l'une à l'autre : avez-vous mis la main sur une d'elles,
vous n'avez plus qu'à suivre cette chaîne pour atteindre
à l'intelligence de toutes les autres.

Ainsi, comme l'intelligence de la lumière jaune, désoxydante et calorifique, dégagée par le Soleil dans l'atmosphère de la Terre (ségrégation qui est la source de tous
nos météores aqueux), est bien le couronnement des lois
des mouvements planétaires, je suis donc obligé avant
tout de traiter de ces mouvements pour arriver à la
découverte des véritables lois qui régissent la météoro-

logie planétaire, c'est-à-dire sidérale ; car la météorologie est autant soumise aux mouvements sidéraux qu'aux mouvements de la physique purement terrestre, ce qui fait de cette science la plus complexe de toutes, tenant tout à la fois de l'astronomie et des mouvements de la physique terrestre.

Si vous voulez bien me suivre dans cette nouvelle voie, je vous affirme que vous n'y perdrez pas votre temps comme savant ; d'ailleurs, Monsieur Le Verrier, je serai aussi bref que peut me le permettre l'explication complète d'une théorie qui résout les difficultés les plus ardues de l'astronomie.

Pourriez-vous, Monsieur Le Verrier, m'apprendre ce qui constitue l'espace du firmament séparant le Soleil de ses planètes et des autres soleils ou étoiles prétendues fixes, parce qu'ils nous paraissent ainsi en raison de leur prodigieuse distance de nous, laquelle rend leurs mouvements insaisissables par nous ?

Si vous restez dans l'orthodoxie académique vous me répondrez : cet espace est le vide absolu.

Pour moi, sans être professeur de physique, je dis : que résulterait-il si les planètes roulaient dans un vide pareil seulement à celui si imparfait que l'homme peut obtenir ? N'arriverait-il pas ce que nous voyons sous le récipient de la machine pneumatique, où progressivement qu'on établit le vide, les gaz n'étant plus soutenus par le poids comprimant des couches atmosphériques, passent à une fluidité excessive, et les liquides à l'état gazeux pour combler le lieu que viennent d'abandonner les gaz.

Il faut donc qu'il existe des couches gazeuses pesant sur l'atmosphère de chaque monde d'un poids énorme, plus considérable même que le poids que peut donner une profondeur d'un milieu gazeux, telle que la profondeur que mesurent les distances des planètes à leur foyer commun, c'est-à-dire il faut, outre leur poids propre, que ces couches soient toujours tenues sous une tension considérable ; car si ces couches de gaz cessaient tout-à-coup de s'appuyer sur les atmosphères planétaires, c'est-à-dire qu'il se fasse dans les champs de l'infini un vide parfait, les gaz dont l'ensemble constitue les atmosphères des globes célestes, se perdraient à l'instant dans l'infini ; et pour remplacer le lieu qu'ils viendraient de quitter, les liquides, les mers passeraient à l'état de vapeurs, lesquelles amenées bientôt elles-mêmes à une excessive fluidité se disperseraient à leur tour dans l'infini. Puis les solides, dont les molécules seraient d'autant moins adhérentes entr'elles que le vide de l'espace serait plus parfait, se désuniraient, et, d'abord réduits en poussière par l'absence de toute affinité d'agrégation détruite par le vide, ils ne tarderaient pas à se perdre dans l'espace.

Ainsi, dans un temps très-court tous les matériaux qui constituent les globes célestes, en passant successivement à l'état fluide, combleraient bientôt le vide de l'espace, et les mondes n'existeraient plus.

Devant la possibilité de la métamorphose des solides ou mondes du grand tout en un unique fluide, en prenant l'inverse de cet anéantissement général, le génie humain peut s'élever à l'intelligence de la grande œuvre de la création. Je vois du sein de Dieu sortir la création, par cela seul qui me fait voir la marche qu'elle suivrait pour y rentrer.

Comme un tel phénomène n'a pas encore lieu, la cause qui seule peut le produire n'existe pas. Donc il n'y a pas de vide entre les planètes et le Soleil ; et cet espace immense est constitué par des gaz dont la densité est décroissante comme augmente le carré de la profondeur de ce milieu, c'est-à-dire comme augmente le carré des distances des planètes au Soleil.

Vous allez vous écrier, toujours renfermé dans votre orthodoxie : mais s'il existait des gaz ou fluides résistants dans l'espace qui sépare les planètes du Soleil, ces fluides seraient déjà venus, par l'énorme profondeur de leurs couches, offrir une résistance progressive, laquelle aurait fini par anéantir la force de *projection* que les globes ont reçu à leur création, et ces sphères se seraient arrêtées depuis longtemps dans leur mouvement de translation, lorsque l'observation démontre qu'au contraire ce mouvement s'accélère de plus en plus.

Je vous répondrai : qu'ai-je à faire de votre force de projection? Quoiqu'elle soit sortie d'une haute intelligence, du cerveau de Newton, abandonnez-la donc comme une vieille défroque impuissante; car vraiment la force attractive et ses conséquences nous suffisent pour tout résoudre. Newton à qui nous devons aussi le développement intellectuel de cette force aurait dû s'y maintenir, son génie était assez vaste pour cela; mais il s'égara en doutant de toute l'étendue de la puissance de sa grande découverte.

C'est à l'attraction elle-même à qui je demanderai la réfutation de la prétendue force de *projection* de Newton.

En effet, si la puissance attractive diminue comme le carré de la distance augmente, il faut qu'il existe dans la profondeur de l'espace qui sépare les planètes du Soleil un milieu résistant à l'émanation du fluide attracteur, et capable même d'anéantir son effet par la grande profondeur de ses couches.

A qui demanderai-je la production de cette diminution de force attractive, si ce n'est à la résistance d'un principe matériel, gazeux et ainsi résistant que nous voyons journellement diminuer et anéantir la propagation du son et de la lumière? La loi qui régit l'émission du fluide attracteur réfute donc aussi le vide de l'espace; en effet, dans le vide bien imparfait que nous obtenons par la pneumatique, nous trouvons que deux corps d'un poids et d'une surface des plus inégaux tombent avec une égale vitesse; ce qui est loin d'arriver lorsque ces mêmes corps font leur chute à l'air libre de l'atmosphère : le plus léger met plus de temps que le plus lourd; et il en est de même pour celui qui offre plus de surface à poids égal.

Ce phénomène est produit, comme vous le savez, Monsieur Le Verrier, par la résistance des gaz atmosphériques, résistance qui finit par anéantir la propagation du son et de la lumière, en suivant de même pour loi de décroissement l'augmentation du carré des distances.

Ainsi, les champs de l'infini, comme les atmosphères planétaires, renferment des gaz résistants susceptibles de faire décroître et anéantir la propagation du fluide attracteur en rapport à l'augmentation du carré de la profondeur de ce milieu; autrement la force attractive serait directe, aussi puissante à son départ qu'à son arrivée; et s'étendant ainsi de l'infini à l'infini, il ne pourrait jamais avoir eu qu'un seul monde ou globe dans la création. Donc la loi d'attraction prouve par elle-même la vérité du plein gazeux et résistant de l'espace.

D'après les belles expériences de Mariotte sur l'élasticité des gaz, nous savons que leur résistance est directement proportionnelle aux pressions qu'on exerce sur eux et leur volume inversement proportionnel. C'est uniquement par l'intelligence de cette loi des plus simples de la nature que le génie de l'homme peut s'élever aux plus imposantes solutions astronomiques.

En faisant du firmament un plein gazeux constitué par l'entrelacement des atmosphères si profondes des soleils ou étoiles, ce plein gazeux ne peut être qu'un composé pour le moins de deux éléments indispensables à tout fluide atmosphérique : l'un est le principe attracteur, que je pourrais définir par l'oxygène, si ces définitions ne me lançaient pas dans une longue dissertation chimique, car l'oxygène est l'unique principe de toute combinaison ; l'autre élément est le calorique, principe unique de toute fluidité, de la désunion, de la répulsion, de l'élasticité, enfin l'antagonisme éternel de l'oxygène par ses effets, et qui, dépouillé de tout oxygène, devient le feu pur.

Ainsi, le milieu qui sépare une planète du Soleil porte en lui à la fois le principe attracteur et celui de la répulsion, et sa répulsion est proportionnelle à sa masse déplacée.

Or, la valeur de cette masse dépend, 1° de la densité du milieu ; 2° et du volume qu'il faut déplacer de ce milieu. Donc, plus cette densité et ce volume sont grands, plus la résistance du milieu est considérable. Mais ce volume déplacé se mesure par le volume de la planète qui se meut dans ce milieu et par la vitesse de ce globe, laquelle vitesse diminue comme augmente le carré de la distance de la planète au Soleil.

Il est évident, et je pourrai le démontrer, que les planètes furent procréées en dehors de l'atmosphère solaire, milieu dans lequel elles flottent maintenant.

Ainsi les planètes en pénétrant dans l'atmosphère solaire, avec tout ce qui les constitue et enveloppées de leur propre atmosphère, éprouvèrent de la résistance des fluides atmosphériques du Soleil au travers desquels elles se mouvaient, car ces fluides ou milieux etant matériels résistent aux efforts des masses qui tendent à les déplacer, efforts que mesure non-seulement le volume du corps planétaire mais aussi la vitesse du mouvement de ce corps, c'est-à-dire sa force attractive.

Cette résistance du milieu étant proportionnelle à sa masse déplacée, il advint que, lorsque les planètes se furent approchées du Soleil à la distance qui contenait la masse de ce milieu capable de faire, par sa résistance, équilibre à leur puissance attractive, elles ne purent pénétrer plus loin.

Pour me résumer je dis : La masse du milieu sur laquelle une planète s'appuie augmente d'abord sa résistance comme le carré de la distance diminue, puisque la masse de ce milieu augmente comme la densité de l'atmosphère solaire, laquelle densité augmente dans ce rapport (c'est-à-dire que si une planète se trouvait 2 fois plus près du Soleil que le serait la Terre, cette planète éprouverait du milieu atmosphérique une résistance qui serait 4 fois plus grande que la résistance éprouvée par la Terre, puisque 4 est le carré de 2) ; mais la résistance de cette masse de milieu augmente encore comme le carré de la vitesse de la sphère qui se meut dans ce milieu.

En effet, il est prouvé en physique que la résistance des milieux croît à mesure que la vitesse du mobile augmente ; elle ne croît pas simplement comme la vitesse, mais comme le carré de la vitesse. Par conséquent, si la vitesse est triple, la résistance est triple à cause du nombre triple de molécules que la planète doit écarter ; elle est aussi triple à cause du choc trois fois aussi fort dont elle frappe les particules atmosphériques du Soleil. C'est pourquoi la résistance totale du milieu atmosphérique est neuf fois plus grande.

Ainsi, un corps qui se meut dans un fluide est retardé

partie en raison simple de sa vitesse, et partie en raison doublée de cette même vitesse ; et quand cette vitesse est arrivée à un certain point, le corps frappe le fluide plus vite qu'il ne peut céder, et ce fluide lui sert de point d'appui.

La résistance du milieu atmosphérique, qui sépare une planète du Soleil, augmente donc de trois manières *sur la force attractive qui la produit* :

1° Elle augmente comme le carré de la distance au Soleil diminue, parce que la densité et ainsi la masse de ce milieu augmente comme diminue le carré de la distance au Soleil ;

2° Elle augmente comme le carré de la distance au Soleil diminue, parce que l'attraction de la planète, et ainsi sa vitesse, augmente comme diminue le carré de cette distance ;

3° Elle augmente encore comme le carré de la distance au Soleil diminue, parce qu'elle n'augmente pas seulement comme la vitesse, mais comme le produit de cette vitesse par elle-même.

De ces conséquences, je conclus que la force d'attraction augmente comme le carré de la distance au Soleil dimi-nue, lorsque la force répulsive augmente comme trois fois le carré de la distance diminue.

Ainsi, remarquez que la force répulsive du milieu qui sépare une planète du Soleil, étant à la force attractive comme 3 *est à* 1, je me trouve dans toutes les conditions exigées par la mécanique céleste pour faire tracer aux planètes une ligne courbe autour du Soleil.

Voyons comment ce mouvement en ligne courbe autour du Soleil (mouvement dans l'orbite), peut se produire d'après cette théorie.

L'espace compris entre le Soleil et une planète étant

représenté par leur rayon vecteur, doit être considéré ainsi qu'une colonne immense constituée par un milieu gazeux résistant et attracteur tout à la fois.

La distance d'une planète au Soleil est donc la différence de ces deux forces diamétralement opposées de direction, dont l'une, l'attraction, est dans la direction du Soleil, et l'autre, la répulsion, dans la direction du firmament diamétralement opposée au Soleil. Placée entre ces deux forces contraires et incessantes, la surface de la planète est réellement sous l'influence de deux pressions énormes.

La planète ne peut ainsi rester immobile suspendue au-dessus du Soleil, car elle est de forme sphérique, et reçoit le *maximum* de ces deux forces sur le même petit segment de sa circonférence, laquelle lui offre d'autant moins de surface plane que le volume de la sphère est plus petit.

Le globe se trouve donc dans la meilleure disposition possible pour fuir de sous ces deux puissantes et incessantes pressions à direction diamétralement opposée, en s'échappant par la tangente, c'est-à-dire à 90 degrés du point de la surface sur lequel agit le *maximum* de ces deux forces diamétralement opposées dans leur direction.

La planète s'élance d'autant plus facilement par cette tangente qu'elle rencontre devant elle un milieu qui lui offre une résistance qui n'est que la racine cubique de la résistance du rayon vecteur, puisque cette résistance n'est plus que le chiffre de la densité du lieu de l'atmosphère solaire où se trouve la planète, densité évaluée par le carré de la distance de la planète du Soleil, lorsque sous son rayon vecteur la planète éprouve une résistance qui est trois fois ce carré.

Ainsi, toutes les planètes étant simultanément attirées et repoussées du Soleil, aucune ne peut se dérober à l'influence de cet astre, comme aucune ne peut venir, dans une chute parfaite, se perdre sur sa masse. Toutes tentent vainement à s'échapper de leur pression solaire ; elles fuient seulement sous cette pression continuelle en glissant vers la tangente, faisant avec leur rayon vecteur un angle droit.

Or, les planètes ne peuvent ainsi glisser de leur rayon vecteur sans tracer un cercle autour du Soleil, puisqu'elles ne cessent d'être sous l'impression de leurs deux forces combinées représentées par ce rayon vecteur même. Ce cercle ne peut non plus être parfait tant que les planètes seront encore pour le Soleil dans le cas de corps en chute ; ce qui maintenant les oblige de tracer autour de cet astre une ellipse plus ou moins allongée, selon l'époque plus ou moins reculée de leur entrée dans le système solaire.

Ce mouvement des planètes dans une orbite plus ou moins parfaite et dont le Soleil tient le centre, est un composé de diagonales infiniment petites qui forment deux à deux le plus grand angle possible. Or, comme vous le savez, toute diagonale est le résultat de la combinaison de deux forces opposées dans leur direction.

Monsieur Le Verrier, si vous trouvez une explication plus saine que cette toute nouvelle que je vous adresse sur les causes qui produisent le mouvement des planètes dans leurs orbites, veuillez avoir l'obligeance de m'en faire part ; car, d'après mon opinion désintéressée dans tout ce qui est en dehors de l'intérêt de la science, la critique est le meilleur stimulant pour les progrès humains, et autant je ne me fais pas faute d'user de ce stimulant contre l'ancienne et si imparfaite théorie astronomique, autant je suis prêt à recevoir et à faire moi-même la critique de la nouvelle théorie que je vous expose.

A la démonstration que je viens de vous faire que l'attraction des planètes augmente comme le carré de leur

distance au Soleil diminue, lorsque la résistance du milieu
gazeux qui éloigne ces astres l'un de l'autre augmente
comme trois fois le carré de cette même distance diminue,
la critique ne va-t-elle pas me répondre immédiatement :
« Si les planètes reçoivent du Soleil trois fois plus de ré-
» pulsion que d'attraction, comment auraient-elles pu
» s'approcher du Soleil de manière que leur répulsion
» devienne 3 lorsque leur attraction reste 1. »

A la critique je répondrai par la loi de l'élasticité des
gaz.

La résistance d'un milieu gazeux est effectivement proportionnée aux pressions qu'on exerce sur lui, mais son
volume est inversement proportionnel. Ainsi, la pression
de la masse du milieu gazeux qui sépare la Terre du Soleil,
est bien égale à trois fois le carré de la diminution de la
distance de ces deux astres ; mais le volume de cette masse
de milieu ne peut avoir pour étendue que la racine cubique
du chiffre de la force répulsive, qui n'est autre que le
chiffre de la distance de la planète au Soleil.

C'est en raison de cette diminution du volume de la
masse du milieu comprimé, qu'une planète s'approche
beaucoup plus près du Soleil qu'elle ne le ferait sans cette
diminution de volume ; et quoique ce rapprochement fasse
augmenter la masse du milieu et ainsi sa résistance (puisque sa densité augmente comme le carré de sa distance
au Soleil diminue), on conçoit aisément pourquoi l'attraction d'un globe planétaire, passant de son aphélie à son
périhélie, semble l'emporter sur la force répulsive.

Mais cette période de la suprématie accidentelle de l'attraction sur la répulsion, travaille elle-même à faire naître
la puissance qui doit repousser la planète du Soleil : elle
tend le ressort qui, par son débandement, la chassera de
son périhélie à son aphélie.

Effectivement, quand une planète arrive à son périhélie, son attraction est à son *maximum*, et lui donne sa plus grande vitesse dans son orbite, en même temps que la masse du milieu gazeux qui la sépare du Soleil se trouve sous sa plus grande tension, tension qui s'est élevée comme trois fois le carré de la distance au Soleil a diminué, lorsque l'attraction n'a augmenté que comme a diminué ce carré.

Il advient alors que le globe frappe le milieu atmosphérique du Soleil plus vite qu'il ne peut céder; et ce milieu, en vertu de sa résistance poussée à son *maximum*, devient point d'appui à la planète.

Alors celle-ci est instantanément arrêtée dans le mouvement accéléré de sa direction attractive, et cet instant d'arrêt suffit pour lui faire perdre spontanément toute sa prodigieuse impulsion de vitesse acquise dans sa chute vers le Soleil; alors elle ne pèse plus sur la colonne du milieu atmosphérique que du poids simple de sa masse, puisqu'elle vient de perdre subitement toute la prodigieuse impulsion acquise par sa chute.

A cet instant incommensurable, les rôles des deux forces contraires permutent.

La colonne du milieu atmosphérique du Soleil que représente le rayon vecteur, ne trouvant plus dans la planète la puissance acquise par la vitesse qui l'animait, tend immédiatement à reprendre le volume qu'elle possédait avant sa pression, ce quelle ne peut faire qu'à l'aide de sa puissante réaction; car cette colonne ou masse du milieu atmosphérique solaire se trouve alors en tout semblable à un ressort qui se débanderait entre le Soleil et la planète.

Eh quoi, allez-vous me dire, vous appliquez aux mouvements planétaires les lois du choc des corps élastiques ?

Pourquoi pas? Les globes célestes ne sont-ils pas tous, en raison des puissantes atmosphères qui les enveloppent, des corps parfaitement élastiques? Les planètes venant des profondeurs du firmament tomber vers le Soleil avec une impulsion uniformément accélérée, ne sont-elles pas chacune dans le cas du choc des corps élastiques frappant une masse immuable, le Soleil? Alors la colonne ou masse du milieu atmosphérique solaire que mesure la distance de chacune des planètes au Soleil, n'est-elle pas, par sa pression continue, un ressort constant se réagissant contre les surfaces solides des planètes et du Soleil?

Or, la puissance de réaction de ce ressort (venant de fluides comprimés dont la mobilité des molécules fait qu'il n'y a que celles qui choquent l'obstacle qui fassent effort), se mesure aussi par l'étendue du volume des planètes, comme bientôt je l'appliquerai dans les calculs.

Les lois du choc des corps élastiques nous démontrent qu'un corps à ressort ou élastique, qui vient frapper un plan (et le Soleil, vu l'étendue prodigieuse de sa masse comparée à celle de chacune des planètes, doit être ici considéré ainsi qu'un plan), se bande et diminue peu à peu le volume de son ressort en consommant petit à petit tout le mouvement qu'il a et qu'il emploie à bander son ressort.

Quand une fois le ressort est totalement bandé, et que le corps a perdu tout son mouvement de corps en chute, le ressort se débande aussitôt sans qu'il y ait d'intervalle de temps entre le commencement du débandement et la fin du bandement.

En effet, quelle serait la cause qui ferait que le ressort resterait bandé lorsque le mouvement accéléré du corps en chute a entièrement cessé et que rien ne s'oppose au débandement du ressort? La masse du milieu atmosphérique du Soleil se débande donc aussitôt, et rend par degrés à la planète (se trouvant alors à son périhélie), tout le mouvement qu'elle vient de perdre en le changeant d'un mouvement en avant en un mouvement rétrograde, précisément comme un pendule qui retombe après avoir, en montant, consommé tout son mouvement; et le bandement et le débandement se font dans un temps parfaitement égal, ainsi qu'il arrive du mouvement d'une planète descendant de son aphélie à son périhélie et remontant de son périhélie à son aphélie.

Quoiqu'il en puisse déplaire aux esprits amis du merveilleux, nous sommes forcément obligés de ne plus considérer les mondes célestes que sous leur état réel de globes enveloppés de puissantes atmosphères, lesquelles en font de véritables corps élastiques dont le ressort est parfait ainsi que celui des billes d'ivoire du billard.

Eh quoi! Les plus grandes conceptions de la création se réduisent à l'intelligence d'un jeu vulgaire, auquel le plus vulgaire des hommes est généralement de beaucoup supérieur aux plus grands savants, au jeu de billard!

Mais, préférant tirer mes exemples d'une source plus noble, dans mes comparaisons du choc des corps élastiques, je prendrai les effets de la poudre et du canon, qui me sont plus familiers que les mystères du billard.

Il est prouvé par l'expérience, que la réaction résultant du choc de deux corps parfaitement élastiques, produit toujours une impulsion de mouvement double de l'impulsion qui engendre le mouvement primitif du choc. Le boulet qui s'échappe de la bouche du canon, s'élance avec une grande impétuosité; car il est sous l'influence d'une réaction doublée du ressort de la poudre enflammée, laquelle, en se débandant entre le boulet et la culasse du canon, se réagit avec sa puissance totale sur le boulet seul, puisqu'elle trouve dans le poids du canon une masse qu'elle ne peut ébranler.

Dans cette expérience, le boulet est sous l'influence de la réaction doublée de la poudre; et il en est de même d'une planète, lorsqu'elle vient choquer, à l'aide des couches atmosphériques solaire et planétaire, la masse énorme du Soleil qu'elle ne peut ébranler, quelque grande que soit la vitesse avec laquelle elle frappe cette masse.

Toute la réaction du milieu atmosphérique comprimé par les deux globes au périhélie, ne peut ainsi donner un mouvement rétrograde qu'au plus petit globe et ainsi à la planète; alors la planète seule obéit à la réaction totale du milieu comprimé, réaction qui la repousse ainsi du Soleil et la chasse à son aphélie, en lui donnant dans ce mouvement une impulsion double de celle que lui donne son attraction en sens opposé; aussi la planète retourne-t-elle de son périhélie à son aphélie.

Si, lorsqu'une planète est à son périhélie, l'attraction du Soleil cessait tout-à-coup sur elle, la réaction du milieu atmosphérique agissant seule sur la planète, celle-ci serait lancée de son périhélie à son aphélie avec une vitesse double de celle du mouvement qu'elle possédait en descendant de son aphélie à son périhélie; ce qui arrive aux comètes, dont la prodigieuse vitesse de leur petite masse généralement encore fort dilatée, finit par les rendre presque insensibles à l'attraction du Soleil devant l'énorme réaction qu'elles éprouvent de son milieu atmosphérique. Alors n'obéissant plus qu'à cette réaction, elles vont se perdre dans les profondeurs du firmament, passant peut-être de systèmes solaires en systèmes solaires pour devenir dans un d'eux, soit des planètes, soit des satellites de planètes.

Mais comme l'attraction du Soleil est incessante maintenant sur ses planètes, et que son action est diamétralement opposée de direction à la réaction de son milieu atmosphérique, l'attraction restreint la vitesse de l'impulsion répulsive à un mouvement parfaitement semblable en vitesse à celui de son aphélie à son périhélie, forçant ainsi les planètes d'obéir aux lois du choc central des corps élastiques, produisant le phénomène de la vitesse respective identique avant et après le choc.

Cette théorie, qui naît d'elle-même des phénomènes les plus simples de la nature, ne peut, Monsieur le Verrier, vous laisser aucun doute sur ce que les planètes puissent retourner de leur périhélie à leur aphélie, ayant la vitesse de ce mouvement rétrograde en tout semblable à la vitesse que ces globes possèdent lorsque leur attraction les fait tomber de leur aphélie à leur périhélie ; et vous concevez que ce dernier mouvement doit avoir lieu dès l'instant que s'est usé tout l'excès de la réaction du milieu atmosphérique contre la force attractive, et qu'alors les planètes retombent de nouveau à leur périhélie, en raison des causes que je viens de vous détailler un peu longuement, pour retourner aussitôt à leur aphélie, et *vice versâ,* pendant l'éternité ou pour mieux dire pendant les siècles qui mesureront leur existence ; car, dans la création, rien n'est immortel.

Maintenant que, comme vous le demandez dans votre Rapport à Son Exc. le Ministre d'État, je vous ai posé les bases de ma nouvelle physique céleste, d'où je dois retirer aussi les lois qui régissent la météorologie astronomique, non-seulement de la terre, mais de tous les autres mondes du firmament, il me reste à vous démontrer par les chiffres que tous les mouvements de ces mondes, ainsi que l'état vrai de leur physique, s'expliquent sans aucun effort par ces données fort naturelles.

D'abord, examinons un instant ensemble, Monsieur Le

Verrier, quelles peuvent être les influences physiques et chimiques que le Soleil peut recevoir de cette pression incessante de toutes ses planètes sur sa surface solide ainsi que sur les régions inférieures de son atmosphère, planètes qui, quoique tournant autour de sa circonférence, ne cessent cependant pas d'être pour lui des corps parfaitement en chute, offrant dans leurs mouvements tous les phénomènes du choc des corps élastiques.

En raison de sa masse colossale, dont le volume est 1,407,124 fois environ plus grand que le volume de la Terre, le Soleil ne peut recevoir du choc d'une planète, quelque puissante qu'elle soit, aucun mouvement rétrograde ;

1º Parce que, étant au centre des mouvements planétaires, il est retenu à ce centre par les planètes elles-mêmes agissant simultanément sur tous les points de sa circonférence ;

2º Parce que, vu sa masse prodigieuse et l'étendue de son volume, le Soleil est immuable sous les chocs répétés des planètes, à chacune desquelles, en raison de ces chocs, il transmet un mouvement de rétrogradation, comme le ferait une masse inébranlable plane et parfaitement élastique.

Cependant, quelque prodigieuse que soit sa masse, le Soleil ne doit-il pas recevoir, de la somme des actions planétaires sur lui, un mouvement quelconque ? Car, en raison de sa forme sphérique, il ne faut pas une force bien grande pour l'ébranler.

Nous venons de voir que, dans le choc des corps élastiques, comme le sont toutes les sphères du firmament, la puissance d'impulsion du corps choquant se communique au corps choqué suivant le rapport des masses. La réaction double toujours dans le corps choqué (qui est ici le

Soleil), la somme d'impulsion que celui-ci acquiert par communication. Ainsi le Soleil est toujours sous l'impression de la réaction doublée de son milieu atmosphérique qui repousse toutes ses planètes à leurs distances de lui, réaction dont la puissance devient 6 pour le Soleil lorsque l'attraction est 1.

Sans doute, il ne cessera pas d'être fixe parce que l'énormité de sa masse ne lui permet pas un mouvement rétrograde, et parce qu'il est au centre du mouvement de ses planètes ; mais, vu sa forme sphérique, il lui faudrait une force bien moindre que celle du choc de toutes ses planètes sur lui, pour recevoir un mouvement de rotation sur lui-même, mouvement obligatoire imposé par ses planètes, mouvement d'autant plus facile à lui être imprimé par ces *globes-satellites,* que chacune des planètes tourne autour de lui avec des puissances de leviers (leviers représentés par leur rayon vecteur mesurant cette puissance) fort différentes de l'une de l'autre, variables même dans chacune d'elles, et toujours à des points dissemblables de sa circonférence.

Voici une explication de la rotation du Soleil, à laquelle vous ne vous attendiez guère, je présume : En possédez-vous une plus lucide, plus rationnelle ?

Pour se rendre compte de la cause première qui donna son orientation à la rotation du Soleil sur lui-même, il aurait fallu être témoin de la Création. Il nous suffit donc de savoir que cette rotation se fait de l'occident vers l'orient ; or, en raison de cette direction, toutes les planètes recevant sous leur pression la sensation de la fuite d'une partie de la surface orientale du Soleil, furent naturellement (comme le seront encore toutes les nouvelles planètes qui peuvent surgir dans notre système solaire) entraînées vers cette direction de l'occident en orient dans leur mouvement de translation autour du Soleil.

Effectivement, l'observation nous démontre qu'aucune planète n'échappe à cette direction dans leur mouvement orbiculaire.

Il est impossible aussi qu'un corps qui, comme les globes planétaires, fuit par la tangente la contrainte de deux pressions à directions contraires, dans un milieu résistant, en s'élançant dans une orbite de l'ouest à l'est, ne puisse pas aussi recevoir un second mouvement, un mouvement de rotation sur lui-même et dans la même direction de l'ouest à l'est.

Ainsi la rotation des planètes se trouve donc engendrer par la même cause qui produit le mouvement orbiculaire et la rotation du Soleil. Mais à cette cause primitive de rotation planétaire, il faut encore ajouter, comme nous venons de le voir pour le Soleil par l'attraction de ses planètes sur lui (planètes qui sont ses satellites), l'influence des satellites sur leurs planètes, si ce n'est dans la production primitive de la rotation de leurs planètes, mais bien dans l'accélération de la vitesse de cette rotation, en rapport avec la masse de la planète à mouvoir et la quantité de satellites que possède cette planète. Nous reviendrons sur ce problème.

L'influence des planètes sur le Soleil s'arrête-t-elle à produire la rotation de cet astre sur lui-même ? Réfléchissez bien, Monsieur Le Verrier, et vous verrez immédiatement poindre à votre intelligence un fait immense, dont la découverte suffirait à elle seule pour l'illustration d'un siècle, un fait dont les conséquences matérielles et morales ne sont pas encore toutes appréciables à notre esprit encore trop borné, tant elles seront fécondes pour la science et l'humanité.

Mais si je viens de vous poser le théorème d'une nouvelle physique céleste, laquelle doit, en vérité, vous surprendre étrangement, ne dois-je pas vous en donner le corollaire. Passons donc aux calculs, lesquels sont encore plus démonstratifs que la théorie même, par leur inflexible rigidité.

Étant admis que les distances moyennes des planètes au Soleil sont le résultat de la résistance du milieu qui sépare ces globes du Soleil, cette résistance est donc en rapport avec la masse du milieu déplacé.

Or, la valeur de cette masse dépend :

1º De la densité de l'atmosphère solaire;

2º Du volume qu'il en faut déplacer.

Donc, plus cette densité et ce volume du milieu atmosphérique sont grands, plus sa résistance est considérable, et plus doit être grande la distance d'une planète au Soleil.

Ainsi la masse du milieu comprimé par une planète, se mesure par le carré de la distance de cette planète au Soleil (puisque la densité de l'atmosphère solaire, c'est-à-dire de ce milieu, diminue comme augmente ce carré), et par le volume de cette planète, volume qui mesure l'étendue de la surface, ou autrement dire, l'étendue du petit diamètre de la colonne de ce milieu séparant les deux astres.

COSMOLOGIE

des Soleils ou étoiles, des planètes et satellites.

En prenant l'hypothèse que l'attraction de la Terre et de Mercure est la même pour les deux globes, nous aurons :

La résistance de l'atmosphère solaire se mesurant par le volume des planètes, et le volume de la Terre étant 17 fois 20 centièmes de fois plus grand que celui de Mercure, la Terre déplacerait donc 17,20 fois plus de masse de ce milieu qu'en pourrait déplacer Mercure, si la densité de ce milieu était la même dans toutes les régions de l'atmosphère solaire.

Mais comme la densité de ce milieu diminue comme le carré de la distance au Soleil augmente, et que 6,67 est carré de 2,58, distance que la terre a plus grande que Mercure au Soleil, en divisant 17,20 par 6,66 nous avons pour quotient 2,58, qui est le chiffre effectif de la masse du milieu atmosphérique solaire dont la terre, à sa distance moyenne du Soleil, déplace de plus que Mercure à la sienne, et par conséquent sa distance au Soleil doit être 2,58 fois plus grande que celle de Mercure au même astre. N'en est-il pas réellement ainsi, Monsieur le Verrier?

Pour que la Terre puisse comprimer, à sa distance moyenne du Soleil, une masse de milieu atmosphérique dont la puissance répulsive effective est 2 fois 58 centièmes de fois plus grande que celle qui repousse Mercure à sa distance moyenne, il faut évidemment qu'à sa moyenne distance au Soleil, l'attraction effective de la Terre soit bien pour cet astre 2,58 fois plus grande que l'attraction de Mercure à sa distance moyenne; et comme l'attraction est en raison directe des masses, la masse de la Terre doit être d'abord 2,58 fois plus grande que celle de Mercure.

Mais commme l'attraction agit aussi en raison inverse des carrés des distances, c'est-à-dire que son influence diminue comme augmente le carré des distances, la masse réelle de la Terre est donc 2,58, attraction effective multipliée par 6,67, carré de 2,58, quotient des distances dont la Terre est plus éloignée du Soleil que Mercure, et ce produit est 17,20 représentant la masse réelle de la Terre, lorsque celle de Mercure est 1.

Comme 17,20 est le volume dont la terre est plus grande que Mercure, la densité de la Terre est donc semblable à celle de Mércure, puisque sa masse égale le chiffre de son volume plus grand que le volume de Mercure, toutes proportions gardées.

D'après ces quelques calculs, vous pouvez déjà, Monsieur Le Verrier, vous rendre parfaitement compte que :

La distance des planètes au Soleil n'est réellement pas le résultat de l'attraction seule, mais bien le chiffre de l'excès de la répulsion du milieu atmosphérique sur la force attractive.

Or, d'après les lois de Mariotte sur l'élasticité des gaz, je vous ai avancé que le volume des milieux atmosphériques est inversement proportionnel à la pression qu'on exerce sur eux, et que leur élasticité, ou puissance répulsive, augmente comme trois fois le carré du quotient des distances des astres mis en comparaison, lorsque l'attraction de ces astres n'augmente que comme diminue le carré de ce quotient des distances.

Ainsi les planètes reçoivent du Soleil une force attractive qui, tout en augmentant comme diminue le carré de leur distance, leur fait comprimer une masse de milieu atmosphérique solaire produisant une force répulsive qui est à la force attractive comme 3 est à 1.

Vous devez donc, Monsieur Le Verrier, convenir avec moi que je me trouve dans toutes les conditions exigées par la mécanique céleste, pour faire tracer aux planètes une ligne courbe, ou ellipse, autour du Soleil, tout en conservant leur mouvement de corps en chute vers cet astre ; car, afin de conserver entre leur attraction et leur répulsion cet admirable équilibre que nous leur connaissons, cet excès de la force répulsive sur la force attractive se dépense infailliblement pour le mouvement des planètes autour du Soleil.

Effectivement, le mouvement des planètes dans leur orbite ne naît pas à proprement dire de l'attraction, mais

bien de l'excès de la répulsion sur elle, et tel que je viens
de le prouver par l'élasticité du milieu atmosphérique qui
sépare les planètes du Soleil.

Je vous ai calculé aussi que la force répulsive effective, produite par le milieu résistant de l'atmosphère
solaire, était pour la Terre 2,58 fois plus grande que celle
de Mercure, toute proportion gardée pour différence de
volume et de densité de ce milieu dans lequel nagent ces
deux planètes.

La Terre est donc lancée par la tangente faisant angle
droit avec son rayon vecteur, c'est-à-dire dans son orbite,
avec une puissance qui est 2,58 fois plus grande que celle
de Mercure dans la sienne.

Mais une force de projection dépense d'autant plus de
sa puissance à mouvoir une masse que cette masse est
plus lourde, et le mouvement de cette masse est d'autant
plus lent, à force de projection égale, qu'il faut à cette
force plus de puissance à dépenser; ou, pour mieux dire,
la vitesse d'une planète dans son orbite diminue comme
augmente sa masse projetée.

Ainsi, quoique la force de projection qui lance la Terre
dans son orbite soit 2,58 fois plus grande que celle de
Mercure, cette force, en raison de la masse de la Terre
qui lui offre un poids à mouvoir 17,20 fois plus considérable, ne peut donner à la vitesse de la Terre dans son
orbite que 0,15 de la vitesse de Mercure dans la sienne,
0,15 étant le quotient de 2,58 force répulsive effective plus
grande de la Terre divisée par 17,20, masse aussi plus
grande de la Terre, c'est-à-dire qu'en faisant 1 cette vitesse
de la Terre, celle de Mercure s'élève à 6,67 fois plus grande.

Mais cette grande impulsion de vitesse de Mercure dans
son orbite s'atténue d'elle-même par les deux modes que
nous démontrent les lois sur la vitesse des corps se mou-
vant dans un milieu résistant :

1º Elle éprouve d'abord de ce milieu une résistance qui réduit la vitesse de Mercure à 2,58, racine carrée de 6,67, carré représentant la densité plus grande du milieu où se meut Mercure, en raison de sa distance au Soleil 2,58 fois plus petite ;

2º Cette impulsion éprouve aussi un second mode de résistance provenant de cet excès même de 2,58 fois plus de vitesse, résistance ramenant la vitesse réelle de Mercure à 1,60, carré de 2,58 ; car en raison de son 2,58 fois plus d'impulsion de vitesse, Mercure frappe 2,58 fois plus de molécules de ce milieu déjà 6,67 fois plus dense que celui dans lequel se meut la Terre.

Ainsi la vitesse réelle de Mercure dans son orbite est donc 1,60 fois plus grande que celle de la Terre, et 1,60 est bien la racine cubique de 6,67, chiffre représentant l'impulsion réelle que Mercure reçoit de plus que la Terre de leurs forces répulsives comparées.

Effectivement, Mercure parcourt 49,483 mètres de son orbite dans une seconde de temps, lorsque la Terre ne parcourt que 30,798 mètres dans le même temps. Or, le quotient de ces deux nombres de mètres est bien 1,60.

Mais avant de passer aux calculs des autres planètes comparées avec la Terre, je suis réellement forcé de demander à la chimie quelques-uns de ses secrets pour reconnaître le rôle important, je dois dire même plus, le rôle principal que la chimie joue dans les phénomènes astronomiques, et ainsi dans la gestion des mouvements météorologiques des mondes peuplant le firmament.

Quelles sont les influences chimiques qui peuvent résulter dans l'atmosphère et sur la surface des globes planétaires et solaires, d'une puissance répulsive agissant constamment sur leurs surfaces solides, roulant avec une vitesse prodigieuse sur un axe de rotation éternelle, puissance répulsive, qui tout en se décomposant comme nous venons de le voir en raison d'effets secondaires, reste encore assez puissante pour faire parcourir à la terre 30,798 mètres et à Mercure 49,483 mètres dans une seconde de temps autour du Soleil, et vitesse qui ne présente réellement à peine le tiers de la totalité de cette force répulsive sur la surface solide des mondes circulant dans le firmament?

Tel est le problème qui nous reste à résoudre pour atteindre à la découverte des véritables lois météorologiques de ces mondes innombrables, et but unique de la publication de cet opuscule.

Comme je viens de vous le démontrer, les atmosphères planétaires et solaires jouent le rôle principal dans les mouvements de tous les globes du firmament.

D'abord ces atmosphères ne sont-elles pas aussi bien pour les planètes que pour les soleils ou étoiles, en raison de leur puissante élasticité, de véritables remparts indestructibles, offrant à l'invasion de chacun de ces mondes un obstacle d'autant plus invincible que ces globes ont une masse et un volume plus grand, c'est-à-dire qu'ils possèdent une tendance plus grande à venir confondre leurs masses les unes avec les autres pour se porter mutuellement le désastre et la mort?

Admirables conceptions faisant naître d'un élément unique une infinité d'effets les plus contraires, conceptions sorties d'une intelligence créatrice tellement sublime et féconde, que plus l'homme découvre de leurs merveilles, plus il apprend qu'il lui en reste à découvrir !...

Pardonnez-moi, Monsieur Le Verrier, cette admiration profonde que m'inspire toujours ce grandiose qu'on appelle la création.

Les atmosphères des globes du firmament ne sont pas seulement appropriées à défendre les mondes qu'elles enveloppent et à leur procurer tous leurs mouvements ; les éléments divers qui constituent ces atmosphères, les appellent encore à des emplois non moins grands, à la production des mouvements météorologiques, d'où découle la production des règnes végétal et animal, ce complément, ce but final de la création.

Quelle serait la cause qui ferait que les atmosphères des mondes ne seraient pas formées d'éléments identiques pour chacun de ces globes ?

Qu'un de ces éléments soit plus ou moins prédominant dans l'atmosphère d'un monde que dans celle d'un autre, là ne serait pas encore un obstacle à l'homogénéité des constituants atmosphériques, homogénéité qui me paraît d'ailleurs parfaitement établie par tous les mouvements sidéraux.

Les atmosphères des mondes sont irréfutablement le réceptacle, l'économie du calorique dont se dégagèrent à leur création, en se condensant et en se solidifiant, tous les éléments matériels qui constituent chaque monde ; calorique que ces éléments reprendraient, sans perte d'un seul de ses atomes, si Dieu les rappelait demain ou aujourd'hui même à leur primitif état de fluidité pour rentrer en son sein.

Cette atmosphère, que possèdent les mondes du firmament, n'est-elle pas le véhicule de l'élément attracteur ? Le fluide attracteur se mêle donc à ses composés.

Qu'est-ce que c'est qu'un fluide ? Du calorique en combinaison avec une substance quelconque ; car le calorique nu et sans aucune combinaison est le feu pur.

Le fluide attracteur est donc le calorique uni à une substance, à une base quelconque encore inconnue, laquelle serait un solide sans sa combinaison avec le calorique ; il faut donc que cette base du fluide attracteur ait une puissance d'affinité, d'agglomération bien grande pour résister à la force d'expansion du calorique, pour maîtriser les molécules de ce dernier, lesquelles se repoussent l'une de l'autre.

Enfin, la puissance d'affinité de cette base du fluide attracteur est si grande pour tous les autres éléments de la nature, que nous n'avons jamais pu la mettre à nu, c'est-à-dire qu'elle est toujours en combinaison, agglomérant tout, solidifiant tout, et donnant à toutes les substances de la matière leurs divers degrés d'affinité, affinité propre à elle seule et si grande qu'elle a le pouvoir de faire même rentrer, en l'entraînant dans des combinaisons à plusieurs bases, soit à l'état fluide, liquide ou solide, l'élément même de la désunion, le calorique, ce dissolvant de toute chose, son antagoniste éternel, dont la mission est de désunir, de désorganiser ce que cet élément attracteur unit et combine.

Dans la nature, nous ne connaissons qu'un élément qui possède à ce degré cette propriété de tout combiner par deux modes contraires, par sa présence aussi bien que par son absence complète dans la combinaison des corps.

Cet élément s'appelle l'oxygène.

Vous laisser sous l'impression de cette étrange affirmation, ce serait m'exposer sans défense à la qualification d'utopiste. Aussi suis-je forcé, par la force même des choses, à renter dans des développements chimiques plus longs que je ne le voudrais.

Ce ne sont pas les corps qui sont attracteurs l'un de l'autre; mais c'est l'oxygène qui, par sa présence en eux ou par son absence même dans leur combinaison, c'est-à-dire par son mode d'action sur eux, leur donne cette attraction qu'on leur retrouve pour certaines combinaisons, tandis qu'ils n'en ont pas pour d'autres. L'oxygène seul leur produit leurs degrés de pesanteur, utopie dont je vais à l'instant démontrer la réalisation.

Toutes les substances sont attractives d'oxygène et attirées par lui, deux effets produits par la même cause.

Cette appétence de l'oxygène pour tout ce qui est matière est inépuisable, il est vrai, mais la capacité et l'appétence de ses molécules sont une; il ne peut retenir en combinaison avec lui une quantité de substance sans qu'il perde de sa capacité et de son appétence pour une autre substance d'autant qu'il en dépense pour la première.

Élément de la solidification, lorsque le calorique est celui de la liquidité et de la fluidité, il peut, en s'unissant au calorique. ou à d'autres éléments, être soutiré d'un corps en s'échappant de ses pores, soit à l'aide d'une pression continue ou brusque mais toujours puissante, soit dans des réactions chimiques.

Mais le corps, dépouillé ainsi de son oxygène, est loin d'avoir perdu de son appétence pour lui, quoiqu'il ne lui soit plus permis de s'en laisser pénétrer et d'en charger ses pores; ce corps a, au contraire, pour l'oxygène une appétence d'autant plus grande que ses pores contiennent moins de cet elément; et ce corps devient plus attracteur, c'est-à-dire plus lourd.

De cette appétence non satisfaite de ce corps pour l'oxygène, naît un singulier phénomène. Il se tient autour du corps autant d'oxygène que ses pores pourraient en contenir à l'état libre. Cet oxygène ainsi retenu sur la surface du solide attracteur et ne pouvant se combiner totalement ou en partie ou pas du tout avec les molécules de ce dernier, ne reste pas pour cela à nu sur la surface du corps, sa grande affinité pour ce qui est matière y mettant obstacle; cet oxygène se combine avec le calorique qu'il soutire du réservoir commun, de l'atmosphère solaire si ce corps est un globe planétaire, de l'atmosphère planétaire s'il appartient à un élément ou à un composé d'un globe planétaire; et il forme avec le calorique une atmosphère privée, propre et adhérente à la surface du corps solide, atmosphère partie intégrante de ce solide et formant avec lui un seul tout.

Les propriétés de cette atmosphère sont multiples. La lumière qui la pénètre se décompose en elle; et les diverses combinaisons chimiques de la lumière avec son oxygène ou l'abandon de l'oxygène contenu dans la lumière, nous produisent le phénomène de la colorisation des corps.

Ainsi, comme l'a démontré Newton, tous les corps reçoivent leurs couleurs, non pas au contact de leur surface, mais à une distance fort minime sans doute de leur surface; ce qui affirme suffisamment que les corps sont colorés en dehors d'eux-mêmes, phénomène confirmant ce que je viens d'avancer: que les corps reçoivent leurs couleurs de l'état chimique de leurs atmosphères et par une réaction chimique, c'est-à-dire par l'abandon de l'oxygène du fluide lumineux dans certains cas et par l'absorption d'oxygène atmosphérique dans certains autres cas.

Cette atmosphère est une partie du corps même, une continuation de sa combinaison; en effet, le rôle de l'oxygène atmosphérique dans ce phénomène est facile à comprendre : ne pouvant rentrer en combinaison parfaite dans les pores trop resserrés de la surface du solide, l'oxygène est loin de perdre pour cela de son appétence pour le corps; cette appétence, au contraire, est au suprême degré de puissance.

Mais dans cet état l'oxygène, quoique puissamment

retenu sur la surface du solide, possède encore presque toute sa capacité, dont il fait une dépense à peine sensible pour le corps.

Or, ne pouvant rester à l'état libre, même momentanément, il se charge de calorique autant que l'excès de son appétence non satisfaite pour le solide peut le lui permettre.

L'oxygène apporte ainsi par sa combinaison avec le calorique, un élément nouveau au solide, une substance invisible et fluide, laquelle, unie avec lui, forme une atmosphère qui enveloppe de couches égales le solide, planète, soleil ou non, et dont aucune puissance ne peut déplacer quelques couches sans produire immédiatement sur la surface de ce corps les phénomènes magnétiques ou électriques, selon le degré d'intensité du déplacement atmosphérique ; et lorsqu'une puissance est assez forte pour lui enlever cette atmosphère, immédiatement ce corps perd sa forme et ses combinaisons chimiques dans une entière destruction, c'est-à-dire métamorphose.

Donc, tous les solides sont pourvus d'atmosphère d'autant plus profonde que ces corps ont plus de masse et de densité. J'applique cette conclusion aussi bien aux masses planétaires qu'à tous les corps solides en général.

Il ne faut pas confondre appétence avec affinité. Affinité marque la force qui unit et retient les éléments dans leurs combinaisons selon certaines lois de la chimie ; mais l'appétence est ce désir instinctif, s'il est permis de m'exprimer ainsi, que l'oxygène éprouve pour tout ce qui est matière. L'appétence est la cause ; l'affinité est l'effet.

Tous les corps ont naturellement une égale appétence pour l'oxygène, car tous sont attracteurs, c'est-à-dire pesants ; mais tous ne peuvent se montrer à nos sens avec une égale affinité, c'est-à-dire avec des résultats qui puissent affirmer cette similitude d'appétence, puisque la densité si variable des corps est une cause de variation dans la quantité d'oxygène que contiennent leurs atmosphères.

Ainsi, un solide se laisse d'autant moins pénétrer par l'oxygène de son atmosphère qu'il est plus dense; son appétence pour l'oxygéne, c'est-à-dire sa puissance attractive ou pesanteur étant proportionnelle à cette densité, augmente alors comme la densité qui la produit.

Tous nos phénomènes électriques et magnétiques (ainsi que la force attractive produite autant par le calorique atmosphérique des globes du firmament que par leur oxygène, car les constituants de ces mondes ne sont, ainsi que ceux de la Terre, que des oxydes métalliques), reposent sur ces quelques données chimiques; mais vouloir démontrer dans leur entier ces simples données, ce serait se jeter dans des dissertations chimiques qui en appelleraient une infinité de nouvelles. Cependant la météorologie nous demande la connaissance parfaite du calorique, puisque cet agent chimique est son unique régulateur.

Convaincu par mille et mille expériences, et quoique je puisse ici froisser bien des croyances, je me résume en ceci :

Les états chimiques du calorique se divisent ainsi :

1o A son état nu, il produit la lumière sous la couleur du jaune vif et la chaleur; il est instantané, passant immédiatement à sa deuxième catégorie;

2o Combiné avec un *minimum* d'oxygène, il perd sa puissance calorifique par sa grande affinité avec son élément de combinaison, l'oxygène; et il devient uniquement fluide lumineux voyageur, en raison de ses prodigieuses élasticité et attraction; il est désoxydant, et l'oxygène seul peut l'anéantir en l'absorbant;

3o Un surplus d'oxygène absorbé ôte au calorique sa faculté lumineuse et de locomotion par lui-même, et il devient fluide électrique ou magnétique adhérant à la surface des corps;

4o Saturé d'oxygène, le calorique passe à l'état de gaz oxygène, où ses diverses propriétés ci-dessus établies restent latentes; et alors il constitue avec quelques autres éléments l'atmosphère des globes du firmament.

Ces quatre degrés d'oxydation du calorique se subdivisent à l'infini en d'autres fluides.

Je ne traiterai pas de ceux qui tiennent à la quatrième catégorie du calorique, ce serait me jeter dans un cours complet de chimie.

Mais sa deuxième catégorie, c'est-à-dire la lumière blanche émise ou réfléchie, se subdivise naturellement en sept autres fluides lumineux, formant les sept couleurs primitives, résultant soit de l'absorption de l'oxygène atmosphérique, soit de l'abandon de son propre oxygène au travers des corps ou de l'atmosphère des solides que ces fluides colorent, fluides lumineux décomposés s'approchant de la propriété électrique ou magnétique selon que leur combinaison avec l'oxygène se rapproche plus près de la troisième catégorie représentant le calorique à son état magnétique.

Dès qu'il est mis à nu, le calorique passe immédiatement de la lumière jaune à l'état de lumière blanche, à son *minimum* d'oxydation; or, dans cet état, le calorique est aussi avide d'oxygène qu'il en contient peu, ce qui rend sa ségrégation impossible.

Ainsi la lumière émanée, c'est-à-dire réfléchie du Soleil, est, comme celle de la Lune, éminemment désoxydante et ainsi frigorifique, loin d'être calorifique ; puisqu'au lieu d'abandonner de son oxygène, abandon qui pourrait seul la rendre calorifique, elle est dans une combinaison chimique telle qu'elle possède une si grande appétence pour l'oxygène qu'elle fait révivifier plusieurs oxydes métalliques.

Cette lumière d'émanation est, dans sa manière de se comporter sur les corps qui l'attirent et qu'elle frappe, fort différente de la lumière née de la ségrégation complète de l'oxygène et du calorique, laquelle lumière est de couleur jaune vif et la seule calorifique et oxydante aux points où la ségrégation du calorique et de son oxygène est immédiate.

Mais le calorique isolé, c'est-à-dire la lumière jaune vif, ne tarde pas, dès qu'il est ségrégé et que la cause de sa ségrégation cesse d'agir sur lui, à se combiner avec son *minimum* d'oxygène et à passer à l'état de lumière blanche désoxydante, perdant ainsi son état calorifique, mais recevant une puissance d'attraction et de locomotion des plus prodigieuses.

Cette lumière blanche s'élève alors vers les hauteurs de l'atmosphère, étant repoussée par son excessive élasticité de la surface du globle planétaire ou solaire lorsque sa ségrégation se produit sur ces mondes. Elle s'étend en rayonnant dans l'espace, mue par une puissance d'émission que mesure son incommensurable élasticité.

C'est à cette lumière, passée ainsi à l'état d'émission et de réflexion, que nous devons la sensation, c'est-à-dire la vue des globes du firmament et des choses terrestres.

Mais quelle est la cause sidérale assez puissante pour produire dans les atmosphères des mondes du firmament, cette ségrégation parfaite de leur calorique et de leur oxygène ?

Vous devez déjà l'entrevoir, Monsieur Le Verrier ; car cette cause est des plus simples : elle n'est vraiment qu'un résultat de la différence des deux forces sidérales, l'attraction et la répulsion, dont je vous ai déjà démontré les grandioses effets dans les mouvements planétaires.

Bref, pour thèse générale, je vous affirme que :

La Terre, le Soleil, ainsi que tous les autres soleils et planètes, sont enveloppés d'une atmosphère dont l'adhérence à la surface (adhérence produite par son affinité et son appétence pour les surfaces et les oxydes métalliques qui constituent notre monde et tous les autres mondes), est si grande, qu'il n'est pas de puissance en dehors de ces globes qui puisse ravir à leur atmosphère particulière un seul de ses atomes, et même déplacer quelques-unes de ses régions des points de la surface sur lesquels elles reposent.

Alors la masse solaire, en attirant une planète vers elle, ne produit rien autre chose que de faire refouler et ainsi comprimer, par le milieu qui sépare les deux globes, l'atmosphère de chacun d'eux sur leur propre surface solide et résistante, compression engendrant, par la résistance et l'élasticité de ses éléments comprimés, tous les mouvements planétaires.

Ainsi, ces atmosphères se trouvent constamment sous une prodigieuse compression sidérale qui, vu la sphéricité des globes, va en décroissant sur leur surface convexe comme augmente la distance du point de leur surface où tombe la verticale qui joint les centres des deux globes en attraction.

Or, nous venons de voir que, dans sa combinaison avec le calorique, l'oxygène atmosphérique conserve encore beaucoup d'appétence dont il reporte l'action sur les substances de la surface du globe. C'est donc à cette appétence qu'il faut attribuer cette adhérence si puissante des atmosphères planétaires sur la surface de leurs globes.

Aussi, quelle que soit la force centrifuge produite par la rotation des globes sur leur axe, et quelque grandes que soient les forces attractive et répulsive, il est impossible à toutes ces puissances réunies d'enlever et même *de soulever* un atome de l'atmosphère des planètes.

Mais, par la raison même que l'oxygène atmosphérique ne peut se combiner totalement avec son calorique, et qu'il est toujours fortement attiré par tous les éléments des planètes ou des Soleil, il ne faut pas une puissance considérable pour amener, entre lui et le calorique atmosphérique, une ségrégation prompte et complète, surtout dans les régions basses de l'atmosphère, où l'oxygène est en plus grande quantité sous un plus petit espace, espace augmentant comme le carré de la distance à la surface du globe; car, le gaz oxygène, resserré dans ces régions basses où il se trouve au *maximum* de sa densité, est fortement prédisposé à se ségréger du calorique de sa combinaison.

Que faut-il pour que cette ségrégation s'exécute complètement?

Faire en sorte que, dans ce composé atmosphérique de calorique et d'oxygène, déjà si puissamment condensé dans les régions basses de l'atmosphère des Soleil ou des planètes, les molécules du calorique se rapprochent sous une pression quelconque, qu'elles se resserrent entre elles jusqu'à ce qu'elles expulsent de leurs pores les particules d'oxygène que contiennent ces pores.

Or, cet oxygène, ainsi expulsé, se précipite à l'instant sur les substances de la surface du globe qu'il oxyde, et pour lesquelles substances son appétence augmente d'autant qu'il perd de la possibilité de rester en combinaison avec le calorique atmosphérique.

Par ce pressurage des pores du calorique atmosphérique et par cet abandon momentané de son oxygène, il y a irréfutablement, dans l'atmosphère d'un soleil ou d'une planète, une quantité de calorique pur, mis à nu, isolé, et exactement proportionnelle à la pression sous laquelle se trouvent les régions basses de l'atmosphère de ce monde.

Mais le calorique atmosphérique ne peut être ainsi mis à nu sans qu'à l'instant il produise une intensité de lumière et de chaleur exactement proportionnelle à l'intensité de la puissance qui comprime l'atmosphère, c'est-à-dire à l'intensité même de la force répulsive sidérale que nous savons engendrer tous les mouvements planétaires.

Cette production fort naturelle de lumière et de chaleur atmosphériques identiques pour tous les mondes qui peuplent l'infini de la création, peut sans doute, Monsieur Le Verrier, vous surprendre; mais il n'est permis à personne de classer cette vérité palpable dans le domaine des utopies, à moins de réléguer aussi dans une fin de non-recevoir académique l'existence du modeste briquet pneumatique.

En vérité, le fait le plus important, le plus grandiose de la création, la production de la lumière et de la chaleur, la vie enfin, la vie de l'Univers, sort du plus modeste phénomène qui chaque jour se présente à nous et se rencontre sous notre main !

Quel est l'homme, quel est l'enfant qui n'a jamais comprimé de l'air dans un faible tube pour en faire jaillir de la lumière et du feu ? A qui, enfin, le briquet pneumatique est-il resté inconnu ?

Puisque la ségrégation de l'oxygène et du calorique, dans leur combinaison qui en fait le gaz oxygène (c'est-à-dire l'air, l'élément atmosphérique que je prends pour comparaison dans l'un et l'autre cas), est si facile, qu'une simple pression de la main peut l'engendrer du sein de la plus minime colonne d'air enfermée dans un tube, je peux hardiment affirmer qu'une telle ségrégation du même fluide atmosphérique se produit aux régions basses des atmosphères solaires et planétaires, colonnes immenses de ce même fluide dont l'immense surface est mesurée par le prodigieux diamètre de ces globes, et atmosphères que refoule sur les surfaces solides de ces mondes cette autre colonne du milieu séparant ces globes entre eux.

En effet, est-ce qu'elle ne serait pas aussi puissante que la main d'un enfant produisant de notre air atmosphérique une ségrégation de son oxygène et de son calorique (cause produisant lumière et chaleur), cette gigantesque pression sidérale qui fait courir les colossales masses des planètes dans leurs orbites et rouler les soleils sur leur axe de rotation, et cela avec des vitesses prodigieuses dépassant de plusieurs milliers de fois la vitesse du boulet de nos canons les plus puissants ?

Le Soleil n'a donc plus de mystères pour nous ? Il reçoit aussi sa lumière et sa chaleur atmosphériques de la même cause qui éclaire et échauffe la surface des planètes et ainsi du choc et du poids total de toutes ses planètes (corps en chute vers lui), aussi bien que de l'action sur lui des autres soleils ou étoiles, tous corps dont les masses gigantesques pèsent toutes sur son atmosphère du chiffre de leurs prodigieuses répulsion et attraction.

Mais cette réaction, cette compression atmosphérique entre lui et ses planètes est encore pour le Soleil le double plus puissante sur sa surface que sur celles de ses planètes.

Car, d'après les lois du choc des corps élastiques, le Soleil étant le corps choqué et seul immuable, cette réaction atmosphérique est pour lui le double de celle qu'il produit à ses planètes, corps rétrogradants; c'est-à-dire que si l'intensité du dégagement de lumière et de chaleur que cette réaction produit entre les mondes du firmament, est 2 sur la surface de la Terre, elle est 4 sur la surface du Soleil.

Il fallait bien qu'il en fut ainsi pour que l'énorme volume du Soleil puisse recevoir, sur toute l'étendue de sa gigantesque surface, une quantité de chaleur et de lumière venant porter la température atmosphérique du Soleil au même degré auquel ce corps élève ses planètes; afin que sa masse prodigieuse puisse voir aussi naître sur sa surface les règnes animal et végétal, et tous ces divins phénomènes moraux et physiques qui glorifient le Créateur par la création complète.

Effectivement, si le Soleil recevait de l'attraction sidérale un dégagement de calorique identique à la seule somme qu'obtiennent ses planètes par le même effet, il faudrait au Soleil une immense quantité de planètes autour de lui pour que sa gigantesque surface puisse à peine recevoir une température atmosphérique semblable à celle de la Terre.

Ainsi l'immense surface du Soleil se trouve éclairée et échauffée par ses propres planètes et absolument par le même mode qui éclaire et échauffe ces globes. Seulement, comme ses planètes circulent constamment autour de lui, la surface de sa circonférence se trouve toujours éclairée et échauffée. La nuit est inconnue au Soleil.

Est-ce à dire pour cela que la chaleur atmosphérique du Soleil est plus élevée que celle de la Terre.

Je ne le présume pas; car je suis plus disposé à croire

le contraire, en calculant qu'il nous resterait encore à découvrir une somme de planètes dont le volume total devrait être 27 fois environ plus grand que la somme des volumes de toutes les planètes déjà connues, pour que le Soleil puisse recevoir de toutes ses planètes une intensité de lumière et de chaleur semblable à l'intensité produite sur chacun de ces globes, si la réaction du milieu atmosphérique ne doublait pas sur la surface du Soleil l'intensité du dégagement de lumière et de chaleur que cette réaction produit sur chacune des planètes.

Existe-t-il un spectacle plus imposant, une leçon plus sublime donnée aux nations et aux souverains, que ce spectacle que nous fournit le firmament? Un roi, le Soleil distribuant à tous la vie et la lumière, et en échange recevant sa propre vie et sa lumière de son peuple de mondes, dont le concert harmonieux des puissances réunies le revêt, pour manteau royal, d'une atmosphère d'un feu indestructible et vivifiant.

Influences météorologiques des Satellites.

Ainsi que l'or, la science a sa pierre de touche.

La métaphysique peut produire de splendides théories; car l'imagination de l'homme n'a pas d'horizon.

Existe-t-il une science qui ait plus que l'astronomie engendré les systèmes les plus riches et les plus séduisants? Car le firmament ouvre à notre esprit le champ le plus vaste, l'infini.

Mais que sont devenues ces théories dont la chaîne commence à Adam, à Adam que l'histoire nous donne pour le premier astronome?

Qu'est devenue, même de nos jours, la théorie de Descartes, ce chef-d'œuvre d'imagination et de génie, lequel émerveillait nos pères, s'il ne les instruisait pas?

Du cerveau d'un homme, de Newton, qui s'éteignit en 1727, surgit une pensée, un fait se démontrant par un fait, l'attraction enfin ; et l'immense échafaudage de l'astrologie qui, en passant au travers de plusieurs milliers de siècles, s'était élevé jusqu'à la sainteté d'une croyance religieuse, s'écroule et disparaît du domaine intellectuel.

C'est qu'une vérité est une puissance indestructible, un fait immortel. Sa fécondité est prodigieuse. Elle élève les nations et les métamorphose. Sous ses rayons la pensée éclot, et la brute devient être intelligent.

Dans l'humanité, l'erreur ne naît jamais viable, et toujours elle est stérile ; car le fantôme ne laisse rien de palpable.

Un système est vrai et seul admissible, celui qui se soumet à la pierre de touche des difficultés en les résolvant toutes.

L'attraction se trouve dans ce cas si rare encore dans l'empire des sciences. Aussi toutes les découvertes que l'homme est appelé à faire sortir de l'astronomie, ne peuvent que confirmer sa vérité.

La nouvelle théorie que je vous expose, Monsieur Le Verrier, n'est-elle pas adhérente à cette vérité, à l'attraction ? N'est-elle pas aussi un fait palpable ? car elle est bien le complément de la glorieuse découverte de Newton.

Il me reste donc à soumettre cette théorie, moi qui vous l'offre comme *vérité vraie*, à l'épreuve à laquelle aucun système astronomique n'a pu encore résister, à l'épreuve des influences des satellites sur la météorologie de leurs planètes.

Quel est l'homme libre, c'est-à-dire n'obéissant aux susceptibilités d'aucune coterie? Quel est l'homme tant soit peu initié aux sciences physique, chimique et astronomique qui, après avoir lu et compris ce qui précède, hésite encore d'affirmer avec moi?

Puisqu'il est certain que l'attraction ou poids du Soleil sur l'atmosphère de ses planètes produit une ségrégation puissante de calorique et d'oxygène du sein de l'atmosphère de ces mondes, ségrégation engendrant le splendide phénomène de leur chaleur atmosphérique et d'une grande partie de leur lumière rayonnante; la Lune, satellite de la Terre, ne doit-elle pas aussi avoir, par son attraction sur notre monde, quelques influences sur sa météorologie? Et quelles peuvent être ces influences comparées à celle née de l'attraction du Soleil?

La solution de cet important problème si gros de richesses matérielles et morales, repose en ceci :

Calculer les différences d'attraction et de répulsion atmosphériques produites par le Soleil et la Lune sur la surface de la Terre.

Ces calculs sont des plus faciles.

Afin d'éviter les réticences auxquelles m'oblige un travail aussi complexe que celui que je m'impose ici, supposons un instant que la Terre est immobile et que le Soleil et la Lune tournent autour d'elle.

Le volume du Soleil étant 1,407,124 fois celui de la Terre, et celui de la Lune 0,020 de fois moindre, le volume du Soleil est donc 70,356,200 fois plus grand que celui de la Lune.

En raison de son volume, le Soleil offre donc au milieu qui le sépare de la Terre, une résistance qui est 70,356,200 fois plus grande que la résistance offerte par le volume de la Lune.

La résistance de tout milieu gazeux comprimé augmentant proportionnellement à sa masse, le Soleil devrait donc, à force d'attraction égale à celle de la Lune, être éloigné de la Terre 70,356,200 fois plus que ne l'est ce dernier astre, lorsque sa distance réelle n'est que 407 fois plus grande que celle de la Lune à notre monde.

Il faut alors que l'attraction effective du Soleil sur la Terre soit 172,889 fois (quotient de 70,356,200 divisé par 407) plus puissante que celle de la Lune.

Or, l'attraction étant en rapport direct des masses des corps et diminuant comme le carré de la distance augmente, la masse du Soleil est donc 28,637,889,961 fois plus grande que celle de la Lune, car ce chiffre est le produit de 172,889 par 165,649, carré de 407 quotient des distances.

A sa distance de la Terre, le Soleil éprouvant du milieu atmosphérique une résistance qui est 70,356,200 fois plus grande que celle qu'éprouve la Lune à sa distance, et son attraction effective pour la Terre étant aussi 172,889 fois plus grande que celle de la Lune, la distance du Soleil à la Terre, résultant de ces deux forces opposées dans leur direction, devient le quotient de ces deux nombres, c'est-à-dire 407 fois plus grande que la distance de la Lune à la Terre.

Effectivement, le Soleil est 407 fois plus éloigné de la Terre que ne l'est la Lune.

Qui donc ne pourrait comprendre que le Soleil seul, parmi tous les astres qui entourent la Terre, possède la puissance de faire ségréger du sein de l'atmosphère que mesure l'hémisphère de la Terre tourné vers lui, une assez grande quantité d'oxygène et de calorique pour engendrer le phénomène quotidien de la chaleur et de la lumière atmosphériques de la Terre et de toutes les autres planètes ?

Alors, l'action de la Lune sur l'atmosphère de la Terre étant 70,356,200 fois moindre que celle du Soleil, notre satellite ne peut y occasionner, par sa pression sidérale, aucune production de chaleur et de lumière.

C'est par l'optique seule que nous recevons la faible lumière de la Lune, dont le pouvoir éclairant, est environ 100,000 fois plus faible que celui de la lumière solaire.

La lumière lunaire n'est réellement qu'une réflexion de la lumière émise par le Soleil et reçue par la surface des satellites d'après les lois d'optique que j'ai détaillées au commencement de cet opuscule.

En effet, en raison de leur très-faible volume et de leur grande distance du Soleil, à l'attraction duquel ils sont presque insensibles, les satellites doivent recevoir de cet astre une ségrégation de leur oxygène et de leur calorique atmosphériques qui ne peut pas même atteindre à celle produite en eux par leur planète, et laquelle est nulle.

Aussi, je considère les satellites comme des globes dont la surface est éternellement glacée.

C'est donc à leur froide température qu'il faut attribuer l'excessive pureté de leur atmosphère ; car il ne peut jamais s'élever dans l'atmosphère d'un satellite des vapeurs d'eau, puisque toutes les substances qui sont liquides sur la Terre et sur les autres planètes de premier ordre, sont des solides ou glaces sur les satellites.

C'est aussi en raison de cette température glaciale de leur atmosphère que ces derniers globes sont pour leurs planètes d'aussi bons réflecteurs de la lumière solaire ; car leur surface couverte de glaces et de montagnes de glace, n'absorbe qu'une très-faible portion de cette lumière.

Quelle est donc, enfin, l'influence météorologique de notre satellite sur la Terre ?

Pour bien l'apprécier, Monsieur Le Verrier, considérons la Lune dans les phénomènes qu'elle produit sur les élévations des eaux de l'Océan.

En ceci je rentre dans le programme académique.

Quoique l'attraction effective du Soleil pour la Terre soit 172,889 fois plus grande que celle de la Lune, comme elle est absolue, le Soleil doit avoir, par son excès même de puissance, moins de part aux marées que la Lune; car l'élévation des eaux ne vient pas de la quantité absolue qui les attire, mais de la quantité relative, c'est-à-dire de la différence et du non-parallélisme de ses actions.

Ainsi, par sa trop grande puissance, l'attraction solaire ne peut produire qu'une faible élévation des eaux de l'Océan, car elle attire toutes les parties du globe avec une puissance presque égale, et qui laisse une très petite différence de son *maximum* à son *minimum*.

Puisque le soulèvement des eaux de l'Océan ne provient pas du globe attracteur le plus puissant, c'est que l'attraction du globe qui le produit n'embrasse pas la totalité de l'hémisphère de la Terre comme le fait le Soleil.

L'étendue de l'influence attractive d'une sphère sur la surface d'une autre sphère, est proportionnelle à sa grosseur, mais aussi diminue comme augmente le carré de la distance des globes en attraction.

Or, le quotient des distances du Soleil et de la Lune à la Terre étant 407, dont 165,649 est le carré, l'étendue de l'influence solaire sur la surface de la Terre est donc 424 plus grande que celle de la Lune, car 425 est le quotient de 70,356,200 (quotient des volumes du

Soleil et de la Terre), divisé par 165,649 carré du quotient des distances.

Quelque grande que soit l'étendue de l'attraction du Soleil, elle est limitée par la surface de l'hémisphère de la Terre tourné vers cet astre.

Supposons un instant que l'étendue de l'action lunaire sur la Terre embrasse tout l'hémisphère de notre monde et soit ainsi 180 degrés de la circonférence de la Terre, l'influence solaire (laquelle est 424 fois plus grande que celle de la Lune, et embrasse tout l'hémisphère terrestre), ramène l'étendue de l'action lunaire sur la surface de la Terre à la moitié de l'hémisphère terrestre; car 2 est le quotient de 424 divisé par 180.

Ainsi, en raison du peu d'étendue de son action sur la surface de notre monde, étendue qui est la moitié de celle du Soleil, la Lune est le principal moteur des marées.

De ce qui précède, je conclus que l'attraction de la Lune sur la surface de la Terre se fait par une étendue circulaire dont le rayon est de 45 degrés de la circonférence de la Terre.

Supposant la Lune à l'équateur, la verticale qui joint les centres des deux globes est le lieu de la Terre où tombe le *maximum* de l'action lunaire, laquelle action va en diminuant jusqu'aux 45mes des latitudes terrestres, distance mesurant la valeur du diamètre de la sphère d'action de la Lune sur la surface de la Terre.

Quoique l'influence attractive de la Lune à l'équateur s'étend par un rayonnement qui ne dépasse guère les 45mes de latitude nord et sud, les eaux, en dehors de cette sphère d'activité, ne tentent pas moins à s'élever dans la direction du centre de la Lune; car les particules des eaux qui constituent les mers sont constamment unies entre elles par une adhérence qui ne peut permettre qu'une partie de leur masse soit sous l'impression d'un mouvement, sans que la masse entière n'obéisse à cette impression jusqu'à une distance fort prolongée.

Il doit en être de même dans l'atmosphère de la Terre agitée sous la même étendue des influences lunaires

Ainsi, le phénomène des marées, quoique produit par une influence directe dont le rayonnement ne s'étend guère au delà des 45mes latitudes nord et sud et des 45mes longitudes orientales et occidentales, doit encore se produire vigoureusement au delà de l'action directe de cette circonférence.

Effectivement, ce ne peut guère être qu'aux 73mes parallèles (somme de 45 degrés de latitude et de 28 degrés, valeur de la déclinaison la plus grande que la Lune peut quelquefois atteindre), où l'action lunaire est insensible.

Comme l'influence de la Lune sur les eaux va en diminuant de l'équateur jusqu'aux 73mes parallèles, la hauteur des marées est donc (ainsi que les influences lunaires dans l'atmosphère), soumise à la déclinaison de la Lune et à la latiude du point de la Terre où l'observation se produit.

En faisant toujours abstraction de l'influence solaire, la haute mer devrait avoir lieu au moment même du passage de la Lune au méridien.

Cela arriverait si les eaux de l'Océan ne se trouvaient pas toujours sous deux influences lunaires contraires, l'attraction et la répulsion produite par la résistance du milieu qui sépare la Terre de la Lune.

La hauteur effective des marées est donc la différence de ces deux forces opposées d'effet sur les eaux.

Car rappelons-nous, au sujet des mouvements des sphères dans leur orbite, que les forces d'attraction et de répulsion se font équilibre sur la surface des globes;

puisque l'excédant de la surface répulsive sur l'attractive s'emploie à lancer les planètes et les satellites dans leurs orbites.

De cela, nous pourrions conclure que la Lune attirant et repoussant tout à la fois les eaux de l'Océan, le phénomène des marées ne proviendrait pas de cet astre.

Oui, nous pourrions conclure ainsi, si la Terre n'avait pas un mouvement de rotation sur elle-même, et si la Lune n'avait pas aussi un mouvement fort rapide autour de la Terre; car alors notre satellite restant toujours immobile et perpendiculaire sur le même point de la surface de la Terre, il ne pourrait résulter aucun mouvement dans les eaux de l'Océan qui pût faire présumer que ces eaux sont attirées et repoussées. Elles seraient toujours immobiles, quoiqu'étant réellement sous une grande et continuelle tension produite par les influences lunaires.

Rendons à la Terre, jusqu'ici supposée immobile, seulement son mouvement de rotation sur elle-même, mouvement qui lui fait parcourir 466 mètres de sa circonférence en une seconde de temps; il est certain alors que les eaux de l'Océan ne restent pas une seconde de temps sous la même influence lunaire.

Ainsi, trois heures avant le passage de la Lune au méridien, ces eaux reçoivent directement une impulsion vers le centre de la Lune, mais en même temps elles sont directement aussi atteintes par la répulsion atmosphérique produite de même par le satellite, répulsion prédominant toujours l'attraction sur la surface des globes.

Sous deux influences contraires ainsi combinées, une portion des eaux de l'Océan s'écoule à l'occident et à l'orient vers le méridien inférieur pour y produire aussi une haute mer; mais la masse principale, sollicitée par l'attraction du satellite qui s'enfuit vers l'occident, se dirige de l'orient vers le centre de la Lune.

Mais ce n'est que trois heures après son passage au méridien, c'est-à-dire lorsque le satellite est arrivé au 45me de longitude occidentale du lieu de l'observation, que les eaux de l'Océan, n'étant plus directement sous la sphère de répulsion de la Lune, et n'obéissant plus qu'à leur tension et au mouvement d'ascension qu'elles viennent de recevoir par le passage de la Lune sur elles, s'élèvent, en toute liberté, à la hauteur la plus grande qu'elles peuvent atteindre.

La répulsion planétaire explique donc fort naturellement ce phénomène, jusqu'ici inexplicable, de la plus grande élévation des marées arrivant trois heures après le passage de la Lune au méridien, lorsque la théorie affirme qu'elle devrait se faire au moment même de ce passage au méridien.

Cette longue dissertation sur les marées (fort inutile sans aucun doute pour un savant), n'a pour but, M. Le Verrier, que de vous démontrer par les influences lunaires, non-seulement l'existence de l'attraction du satellite, laquelle n'est que relative et n'embrasse que le quart de notre globe, lorsque l'attraction du Soleil est absolue, mais aussi l'existence d'une puissante répulsion née aussi de la Lune, répulsion de même relative et engendrant une compression si vigoureuse de l'atmosphère de la Terre contre sa surface, que les eaux de l'Océan en sont autant affectées que par l'attraction.

Je tenais de même à vous prouver que la pression atmosphérique produite par la Lune, quoiqu'assez forte pour maîtriser sur un grand espace les eaux de l'Océan soulevées par une puissante attraction, n'est pas cependant assez considérable pour produire un dégagement de chaleur et de lumière sensible dans l'atmosphère de la Terre.

Les propriétés astronomiques de la Lune pour la météorologie de notre monde, sont donc fort différentes de celles du Soleil.

Parmi les influences planétaires de notre satellite, une d'elles est fort spécieuse; c'est celle qui fait descendre constamment les couches élevées de l'atmosphère vers la surface de la Terre, dans la proportion d'un cercle qui est le quart du cercle de l'hémisphère de la Terre.

La météorologie peut-elle recevoir quelques mouvements de cet abaissement des couches élevées de l'atmosphère et de cette pression circulaire de la Lune courant autour de la Terre avec une vitesse de 466 mètres par seconde de temps.

Les riches observations retirées autant de l'œthrioscope que des voyages aériens, nous démontrent qu'il existe dans les couches même moyennes de l'atmosphère de la Terre un froid excessif.

La chaleur que le Soleil engendre dans les régions basses de l'atmosphère de notre monde par la ségrégation de l'oxygène et du calorique que sa pression y produit, a bien la propriété de se mettre en équilibre dans tous les corps; mais les gaz atmosphériques sont pour elle de très-mauvais conducteurs; la chaleur se concentre donc dans les régions basses de l'atmosphère de la Terre, et s'y maintient avec toutes les exhalaisons que portent avec elles, en s'évaporant, les eaux qui sont si abondantes sur la surface de notre planète depuis que celle-ci possède un satellite.

Notre monde serait donc un séjour de peste continuelle, si la Providence ne lui avait pas donné en même temps qu'il se couvrait de masses d'eau, causes de ces grandes évaporations pestilentielles, un astre dont la puissance puisse résoudre ces éléments de mort, aussitôt qu'ils s'accumulent par trop dans l'atmosphère de la Terre.

Cet astre est celui-là même qui engendra les mers : c'est notre satellite, dont la mission est de réparer continuellement le mal qu'il fit à notre monde en venant fatalement s'unir à ses destinées.

La Lune, en faisant par son poids sur l'atmosphère de la Terre descendre les couches élevées de cette atmosphère vers la surface de notre monde, force ces couches élevées et essentiellement frigorifiques à se mettre en contact avec les couches chaudes et basses, ce qui ne peut se produire sans qu'instantanément ces couches froides n'enlèvent aux couches chaudes une grande partie de leur chaleur.

A cette première influence météorologique de la Lune s'en joint une seconde non moins puissante.

La pression de la Lune sur notre atmosphère condense ses couches atmosphériques du sein desquelles elle expulse, elle pressure les vapeurs d'eau que ces couches peuvent contenir ; de même que l'action solaire pressure de l'atmosphère une portion de l'oxygène qu'elle contient, pour nous produire la chaleur et la lumière.

La Lune, ainsi que toutes les satellites des autres planètes, a donc en météorologie une influence essentiellement frigorifique et pluvieuse, laquelle est assez considérable pour entrer en considération dans les calculs de la température de la Terre.

Le calorique atmosphérique ou chaleur, dès sa ségrégation du gaz oxigène par la pression solaire, tend à se mettre en équilibre avec toutes les substances de la surface de la Terre ; il n'abandonne à l'atmosphère que l'excédant que l'état chimique de ces substances ne leur permet pas d'absorber, et que ces substances réfléchissent dans l'atmosphère.

Mais la combinaison du calorique avec les liquides et

l'eau principalement fait passer ces derniers à l'état de vapeurs, qui, vu leur force expansive et leur légèreté sous cette forme, s'étendent de toutes parts, et s'élèvent d'autant plus haut dans l'atmosphère que les couches de celle-ci sont plus chaudes et ainsi plus dilatées.

Ces vapeurs cessent leur mouvement d'ascension dès qu'elles ont déplacé une masse d'air dont le poids fait équilibre au leur. Mais si ces vapeurs, ainsi arrêtées dans leur mouvement d'ascension, se trouvent encore dans un milieu atmosphérique trop chaud pour les condenser et les réduire en masse compacte ou nuages, elles continuent à nous être invisibles ; ainsi que cela arrive dans les régions atmosphériques intertropicales, où l'atmosphère présente toujours un ciel des moins nuageux et des plus sereins du globe, quoique ces régions atmosphériques soient de toutes celles de la terre les plus saturées de vapeurs d'eau.

Les régions intertropicales, loin d'avoir une végétation aussi puissante que celle que nous leur voyons, devraient être arides et brûlées par le soleil ; car le bienfait des pluies rafraîchissantes et fécondantes leur serait inconnu. Il est loin d'en être ainsi.

Quoiqu'étant de toutes les régions de la terre celles où la pluie dure le moins longtemps, elles sont celles aussi où il en tombe davantage. Chez elles, souvent il tombe autant de pluie dans un seul jour qu'il en tombe à des latitudes élevées pendant le cours de plusieurs mois et même d'une année entière ; et, pour les régions torrides, l'abondance des pluies est toujours proportionnée à la quantité de calorique dégagé de l'atmosphère par le soleil, et ainsi à la diminution de la distance de la verticale du soleil au point d'observation, c'est-à-dire de sa déclinaison.

Cette divine harmonie est cependant contraire à la

théorie que nous ont donnée jusqu'ici les sciences ; car il est observé que, plus la surface d'une région est échauffée, plus la vapeur d'eau s'élève dans l'atmosphère, et moins s'opère sa condensation entière, c'est-à-dire sa réduction en pluie.

Ainsi, dans les contrées sablonneuses, il ne pleut pas, parce que leur sable s'échauffe fortement, et réfléchit dans l'atmosphère presque toute sa chaleur acquise, laquelle met obstacle à la réduction des vapeurs d'eau qui peuvent s'y trouver.

Comme sans pluie il ne peut y avoir maintenant sur notre globe de développement organique dans la végétation, les régions intertropicales seraient aussi arides et brûlées que les déserts sablonneux si le génie du Créateur n'avait placé, dans sa divine prévoyance, directement au-dessus de ces régions un astre, la Lune, à qui il imposa la fonction éternelle de rafraîchir ces contrées, qui, de steppes qu'elles seraient devenues sans le satellite, sont maintenant les plus riches du globe.

L'atmosphère des régions où la déclinaison du Soleil égale leur latitude, est toujours saturée de vapeurs d'eau ; car le Soleil est, pour ces régions, dans toute sa puissance calorifique. La Lune, à l'horizon oriental, s'avance vers le méridien ; par son influence compressive et relative sur l'atmosphère de la Terre, elle ne tarde pas à pousser, des hauteurs de l'atmosphère vers la surface de notre planète, des couches atmosphériques excessivement froides et pures et à les mettre brusquement en contact avec les couches chaudes et chargées de vapeurs d'eau des régions basses de l'atmosphère.

Que doit-il résulter de ce contact brusque d'un milieu saturé de vapeurs d'eau et d'un autre milieu essentiellement froid et pur, contact dont la rapidité du mouvement est mesurée par la vitesse de la rotation de la Terre, vitesse qui est de 466 mètres par seconde de temps ? Les couches froides enlèvent brusquement aux vapeurs d'eau comprimées leur calorique, principe de leur fluidité, et ramènent d'autant plus vite ces vapeurs d'eau à leur liquidité, que la température des deux milieux atmosphériques mis instantanément en contact par le satellite, est plus dissemblable.

C'est surtout sous la zône torride que la réduction des vapeurs d'eau par le satellite doit être la plus marquée, car là, l'action du satellite y est toujours directe ; aussi la pluie paraît-elle instantanée ; et dans le court espace qu'elle dure, elle est si abondante, que presque toujours elle est torrentielle. Grâce cette quantité énorme d'eau qui tombe sous les tropiques, ces régions se désaltèrent à longs traits, et produisent la vie et une fécondité luxuriante à la végétation, qui se carboniserait sous l'action brûlante du soleil.

Dans mes divers séjours sous la zône torride, j'ai très-souvent remarqué que la chûte des eaux se faisait principalement lorsque la Lune s'élevait au-dessus de l'horizon, et que l'abondance de la pluie était la plus grande lorsque la hauteur du satellite approchait de 45 degrés.

Cette influence frigorifique et pluvieuse des satellites se soumet à toutes les exigences de l'analyse physique et chimique.

La capacité de l'atmosphère est 1 pour les vapeurs aqueuses ; elle ne saurait en contenir plus qu'elle ne peut ; mais cette capacité est loin d'être immuable. Elle peut être tantôt fort grande et tantôt fort petite ; elle est enfin soumise aux dégrés de dilatation de l'air qui, en augmentant son volume, augmente proportionnellement sa disposition à contenir plus de vapeurs d'eau.

Ainsi, dans les contrées et aux époques chaudes, l'air peut se charger d'autant plus de vapeurs aqueuses qu'il est plus chaud, c'est-à-dire que sa raréfaction est plus grande. Dans les saisons froides il en contient fort peu ; car étant fort peu raréfié, sa capacité pour les vapeurs est fort petite. Aussi cette saison est-elle la plus pluvieuse, quoique la quantité d'eau tombée soit souvent fort petite en réalité.

Deux causes seules peuvent diminuer la raréfaction de l'air, et restreindre alors sa capacité, c'est-à-dire sa disposition à contenir des vapeurs aqueuses et à l'engager ainsi à les réduire en pluie : la première, est la pression des couches d'air ; la seconde, le contact brusque et forcé de couches froides des régions hautes de l'atmosphère avec les couches chaudes et raréfiées des régions basses, lesquelles contiennent seules des vapeurs d'eau.

Ainsi la Lune possède, à un très-puissant degré, ces deux propriétés de condenser les vapeurs d'eau que contient l'atmosphère ; et, sans aucun doute, la résolution de ces vapeurs en pluie vient en grande partie de notre satellite ; celle provenant des mouvements électriques vient ensuite produire les influences de météorologie locale.

De ces investigations, je dois donc conclure, 1° que l'influence météorologique de la Lune est tout-à-fait l'opposé de celle du Soleil ; 2° et que l'action de ce dernier est de produire chaleur et évaporation des eaux, lorsque celle de la Lune est frigorifique et condense ces vapeurs, c'est-à-dire les ramène à leur premier état de liquidité.

Remarquez aussi, M. Le Verrier, que les effets si contraires de ces deux astres ne sont cependant que le résultat d'un même mode d'action : de la pression de l'atmosphère de la Terre par le poids des deux globes attracteurs. La seule différence qui existe entre les influences de ces deux astres, est dans le plus ou moins de pression et d'étendue d'atmosphère comprimée.

Dans la simplicité de ses moteurs, la Nature ne cesse jamais d'être sublimement riche et variée dans ses faits.

Sans aucun doute, la météorologie est soumise encore à une infinité de causes accidentelles et locales qui nuisirent jusqu'ici à la découverte des lois fondamentales qui la régissent; mais ces lois n'en existent pas moins. Or, ce sont-elles qu'il fallait chercher; et une fois leur puissance trouvée, il nous est facile de nous rendre compte des effets locaux et perturbateurs.

Les différentes positions de la Lune à l'égard d'un lieu pris comme point d'observation, ont une influence particulière sur la marche du baromètre aussi marquée que celles produites par les positions du Soleil.

Qui ignore que chaque période de neuf ans fournit la même quantité d'eau de pluie?

Voilà donc une preuve d'une loi fondamentale en météorologie, d'une loi immuable et en dehors de toutes causes secondaires et locales; car elle est constante comme le sont les mouvements planétaires.

Où donc trouver cette cause si ce n'est dans un de ces mouvements? De tous le globes planétaires, la Lune a seule une révolution de neuf ans; c'est le mouvement progressif de son apogée selon l'ordre des signes, mouvement qui est de plus de 3° par mois, en sorte qu'il n'achève les 360° de sa révolution autour de la Terre qu'au bout de neuf ans environ.

D'après l'influence frigorifique et pluvieuse que j'attribue à la Lune, il est évident que plus cet astre est proche de la Terre, plus il pèse sur son atmosphère; son influence météorologique augmente alors comme le carré de la distance de la Lune diminue.

Ainsi, le mouvement progressif de l'apogée portant le périgée de la Lune successivement sur toutes les régions de la circonférence de la Terre, il résulte que tant que le périgée se fait directement sur une contrée de la Terre, cette contrée reçoit de l'influence frigorifique et pluvieuse de la Lune plus que toutes les autres régions du globe. Ce sera aussi pour cette contrée l'époque où il tombera le plus de pluie pendant une période de neuf ans, en ayant égard, toutefois, à la saison et à la position astronomique du Soleil avec la Lune et avec la latitude du lieu d'observation, puisque leurs influences se détruisent l'une et l'autre.

Par la même raison, l'époque où il doit tomber le moins de pluie, pendant une période de neuf ans, pour une contrée quelconque, sera l'époque à laquelle se fait directement, pour cette contrée, l'apogée de la Lune, c'est le cas de l'année 1863 pour les latitudes de l'Europe. Au bout de neuf ans, la révolution de l'apogée de la Lune autour de la Terre étant achevée, une nouvelle recommence aussitôt, et pendant laquelle la quantité de pluie tombée sera semblable à celle tombée pendant la période qui vient de s'écouler; car les phénomènes météorologiques de la première se reproduisent à la seconde.

Les météorologistes ont observé aussi que tous les dix-neuf ans se reproduisait assez régulièrement, pour une contrée, la même température. Ne pouvons-nous pas encore attribuer cette loi météorologique à l'influence de la Lune sur la terre; car notre satellite possède effectivement un mouvement périodique de dix-neuf ans dans la rétrogradation de ses nœuds?

L'orbite de la Lune est inclinée sur l'écliptique d'environ

5o; elle coupe donc ce cercle en deux points opposés qu'on appelle nœuds. Si la Lune n'était attirée que par la Terre, ses nœuds seraient deux points fixes et permanents ; mais le Soleil, par son attraction sur le satellite, l'oblige à couper l'écliptique plutôt qu'il ne le ferait sans cela.

La Lune, ayant un mouvement périodique d'Occident en Orient, ne peut pas couper l'écliptique plutôt qu'elle ne le ferait, sans que ce point d'intercession devienne chaque mois plus occidental.

C'est ce phénomène qui donne aux nœuds de l'orbite lunaire un mouvement périodique contre l'ordre des signes, d'Orient en Occident. Ce mouvement rétrograde des nœuds est d'environ dix-neuf ans ou plus exactement de dix-huit ans deux cent vingt-huit jours, et c'est cette période qu'on appelle *Cycle lunaire* ou *Nombre d'Or*.

Il résulte de ce mouvement des nœuds de la Lune que, pendant tout le cours d'une période de dix-neuf ans, les nouvelles et pleines lunes ne peuvent pas tomber aux mêmes jours de l'année solaire auxquelles elles arrivaient auparavant.

Certes, si notre satellite a une influence frigorifique sur l'atmosphère de la Terre, ce doit être principalement aux nouvelles et pleines lunes.

A l'époque de la nouvelle lune, le satellite, passant conjointement avec le Soleil sur tous les méridiens de la Terre, par son influence frigorifique, diminue, aussitôt qu'elle se produit, la chaleur que le Soleil dégage de l'atmosphère ; il la diminue d'autant plus pour une latitude quelconque, qu'il est à son périgée et que sa distance à cette latitude est la plus petite, lorsque la distance du Soleil à cette latitude est la plus grande.

A l'époque de la pleine lune, le satellite s'empare de l'hémisphère de la Terre que le Soleil vient de quitter ;

il règne sur lui en souverain. Aussi, si l'atmosphère de cet hémisphère est saturée de vapeurs d'eau, il est certain qu'il les réduira d'autant plus vite à l'état de pluie, pour une latitude quelconque, qu'il est périgée et que sa distance à cette latitude est la plus petite.

Si les nouvelles et pleines lunes tombaient toujours aux mêmes jours de l'année, la température d'un lieu de la Terre pris pour un point d'observation recevrait des influences planétaires des vicissitudes toujours semblables : la température d'une année, comparée à l'année qui l'aurait précédée ou à celle qui l'aurait suivie, n'offrirait pas de dissemblances notables.

C'est donc aussi bien au mouvement rétrograde des nœuds de la Lune, dont la période est de dix-neuf ans, qu'au mouvement progressif de l'apogée du même astre et dont la période est de neuf ans, qu'il faut demander raison de ces vicissitudes, jusqu'ici insaisissables, de pluie et de beau temps que nous offrent les observations météorologiques.

Sans vouloir, plus que nos académiciens, partager avec Mathieu Laensberg *la gloire* d'une réputation de devin, j'irai cependant, à l'aide de ma théorie, à la recherche des lois qui régissent la météorologie, dans le but unique d'acquérir la puissance de prévoir, au moins pour une latitude quelconque, les années sèches ou pluvieuses.

J'ai le courage de cet aveu, quoique sachant qu'il m'attirera bien des diatribes. Mais tout homme qui s'impose pour devoir de travailler pour le bien public, recule-t-il devant les fadaises des ignorants, lorsqu'il sent en lui le pouvoir de rendre à l'agriculture, nourricière des peuples, les bienfaits de la prévision météorologique ?

Sans doute, il était impossible de trouver jusqu'ici, par l'ancienne théorie astronomique, un lien qui rattachât la météorologie à l'astronomie.

Il ne fallait rien moins qu'une théorie nouvelle, ou, ce qui est plus exact, il fallait donner à la théorie newtonienne tout son complément, pour trouver enfin l'influence météorologique de la Lune.

Quelle ne doit pas être l'influence frigorifique et ainsi pluvieuse du périgée de la Lune, lorsqu'on considère que la distance de la Lune à la Terre, déduite des observations de ses parallaxes, varie depuis 64,74 jusqu'à 55,72 demi-diamètres de l'équateur terrestre? ce qui porte à plus de 9 de ces demi-diamètres la distance rapprochée de la Lune vers la Terre, de son périgée à son apogée.

L'excès de l'influence frigorifique de la Lune périgée sur la Lune apogée, résultant de ce grand rapprochement de cet astre à la Terre, est trop considérable pour qu'on n'y ait pas égard dans les calculs météorologiques; car cette influence frigorique s'élève à 4, lorsque l'astre producteur diminue sa distance de 2.

Si le mouvement rétrograde des nœuds et le mouvement progressif du périgée de la Lune ramènent des périodes météorologiques de dix-neuf ans par le premier mouvement et de neuf ans par le second, que doivent être pour la météorologie de notre monde les aspects journaliers de son satellite?

Dans ces calculs météorologiques rentrent donc tout à la fois, non-seulement les deux mouvements lunaires précités, mais principalement la déclinaison, l'ascension droite, c'est-à-dire la longitude et la latitude de la Lune, aussi bien que la distance de cet astre au Soleil et au zénith du point de la Terre pris pour lieu d'observation.

Puis, après ce travail long et pénible, il faut, pour obtenir le résultat météorologique demandé, prendre la différence des effets frigoriques calculés de la Lune et des effets calorifiques calculés du Soleil.

Ainsi, les éléments des calculs astronomiques, concourant tous aux solutions météorologiques, font de cette tâche la plus difficile, la plus laborieuse qu'aura jamais entreprise un astronome ; mais elle n'est pas impossible.

Il y a un si grand intérêt humanitaire au fond de ce labeur, et, maintenant que la voie est ouverte, je suis assuré qu'un grand nombre d'astronomes français voudront l'entreprendre ; autrement il faudrait encore compter une de ces idées fécondes qui généralement germent en France, obligée de se transplanter en terre étrangère pour atteindre à son développement.

M. Le Verrier, ainsi que vous le demandez dans votre rapport à Son Excellence le Ministre d'Etat, je vous ai « *fait connaître les bases et les principes sur lesquels je* » *fonde ma théorie météorologique.* »

Si vous la jugez digne de votre attention, « *vous pouvez* » *la soumettre immédiatement à l'application en tenant* » *compte,* » comme vous le dites dans ce même rapport, « *de toutes les observations antérieures, afin de vous* » *décider, non-seulement sur les faits à venir, ce qui* » *nécessiterait qu'on attendit de longues années, mais* » *encore sur les faits déjà accomplis, ce qui peut se faire* » *tout de suite.* »

Or, l'Observatoire de Paris depuis plusieurs siècles s'est assez enrichi d'observations météorologiques pour que vous y trouviez tous les éléments nécessaires aux calculs de cette nouvelle science.

Mais si j'avais encore quelques conseils à vous donner sur ce sujet, je vous prierai de faire rentrer dans l'application les influences électriques et ainsi locales et accidentelles qu'une cité aussi vaste, aussi populeuse que Paris (et ainsi aussi féconde en perturbations météorologiques, soit par ses hauts édifices armés de paratonnerres, soit par les usages de ses habitants), apporte irréfutablement dans les mouvements météorologiques.

Car, jusqu'ici, je ne vous ai encore entretenu que d'un seul genre de météorologie, de la primitive, de la météorologie astronomique; mais il en existe une autre, une secondaire non moins puissante par ses effets, une météorologie toute locale et accidentelle que je désigne par le nom générique de météorologie électrique, et dont l'homme (comme je vais bientôt vous le démontrer pour couronnement de cet opuscule), peut se rendre maître par le plus simple des procédés mécaniques.

Vous vous écriez : « Étrange homme ! où doit-il s'arrêter ? »

Je vous répondrai, M. Le Verrier : Ainsi que l'esprit humain, je ne m'arrêterai que lorsque la nature n'aura plus de secrets pour l'homme, c'est assez vous dire que la mort me surprendra avant d'avoir même pu ébaucher cette tâche éternelle.

Prévoir est sans doute fort beau ; mais produire est de beaucoup supérieur. Et quelle puissance ne procurerai-je pas à l'humanité en l'enseignant à soumettre à sa volonté les éléments les plus capricieux de la nature, les éléments atmosphériques !

Cette utopie, comme bien d'autres, est cependant des plus réalisables. En réfléchissant un peu devant l'ensemble déjà grandiose de nos connaissances acquises, vous-même, Monsieur Le Verrier, vous arriverez vite, comme moi, à vous demander pourquoi n'est pas encore réalisée l'utopie de la servitude des éléments atmosphériques ?

Mais avant de passer à l'étude de cette météorologie mécanique, il me reste (ainsi que je vous l'ai promis), à compléter ma météorologie astronomique, en vous démontrant que les satellites de toutes les planètes sont, comme celui de la Terre, de parfaits régulateurs de leur météorologie astronomique.

C'est curieux, sans doute, que cette similitude des mondes qui peuplent le firmament; mais, pour le moment, ce qui vaut mieux, c'est que les calculs vont nous affirmer d'une manière absolue l'exactitude de ma théorie météorologique et la certitude que, si nous pouvions nous transporter matériellement sur les planètes, sur le Soleil et même sur les étoiles, nous y trouverions d'aussi bons logis que celui que nous offre la Terre.

Ainsi, sans cette volonté immuable du Créateur qui décréta que la densité des atmosphères diminue comme augmente le carré de leur profondeur (ce qui fait de la Terre une prison infranchissable pour nous), aurais-je ouvert matériellement à l'homme de la Terre les mondes innombrables de l'infini?

Si l'astronomie nous oblige de réléguer dans le domaine des spéculations chimériques cette translation matérielle de l'homme sur les autres mondes du firmament, au moins elle vient aussi réduire au néant cette tendance métaphysique non moins absurde des rêveurs de notre siècle; rêveurs qui, profitant des erreurs émises par nos plus illustres savants sur la météorologie des sphères, essayent de greffer leurs hallucinations mentales sur la souche saine et robuste du christianisme, ce résumé sublime de la science humaine.

Réellement il n'existe pas de plus haut intérêt, pour l'humanité et pour son histoire, que de conserver cette science chrétienne intacte de toutes souillures et à l'abri des parasites spirites des siècles tendant toujours à obscurcir ses vérités fondamentales sous la couche de leurs dépôts absorbants.

Souvenez-vous, Monsieur Le Verrier, qu'à la page 47

de cet écrit, je vous ai calculé que la Terre recevait du Soleil une répulsion qui était 2 fois 58 centièmes de fois plus grande que la répulsion reçue du même astre par Mercure.

Or, en raison de cette répulsion, mère de tous les mouvements des sphères, il se produit dans l'atmosphère de notre monde, une ségrégation de calorique et d'oxygène 2,58 fois plus grande que dans l'atmosphère de Mercure; et comme de cette ségrégation naît la chaleur et une partie de la lumière qui paraissent à nos sens trompés être émanés par le Soleil, nous devons affirmer que le Soleil ségrége 2,58 fois plus de chaleur et de lumière dans l'atmosphère inférieure de la Terre que dans celle de Mercure.

La température atmosphérique de la Terre devrait donc être 2,58 fois plus chaude que celle de Mercure ;

Sans doute, si la Terre ne possédait pas un satellite, c'est-à-dire un astre frigorifique lorsque le Soleil est l'astre calorifique.

Mercure n'a pas de satellite, et il est peu présumable qu'il puisse jamais en avoir, en raison de sa faible distance du Soleil.

Or, la possession d'un ou de plusieurs satellites est pour les planètes une cause frigorifique trop puissante pour ne pas venir contrebalancer la trop grande ségrégation de calorique et d'oxygène, c'est-à-dire la chaleur, que le Soleil produit sur certaines planètes. Et, remarquez ceci : les sublimes prévisions du Créateur décrétèrent que le nombre des satellites s'élève pour chaque planète comme augmente de fois leur plus grande ségrégation de calorique atmosphérique.

Ne pouvant avoir de termes de comparaison sur la Terre entre le degré de chaleur atmosphérique ségrégée par le Soleil et le degré de froid atmosphérique engendré par la Lune, il m'est impossible jusqu'ici de préciser le chiffre exact dont la Lune atténue la chaleur solaire en comparaison avec la chaleur reçue par Mercure, planète qui n'a pas de satellite.

Je pourrai aussi bien vous dire que sur l'excès de 2,58 fois plus de chaleur atmosphérique reçue du Soleil par la Terre, 2,58 ou 2 et même 1 de cet excès de chaleur reçue par la Terre se trouvent détruits par l'action frigorifique de la Lune; laquelle ramènerait ainsi la température atmosphérique de notre monde exactement au même degré où se trouve celle de Mercure.

Passons donc immédiatement à la comparaison de la Terre avec une autre planète du premier ordre et possédant des satellites. Cette planète nous fournira au moins des termes de comparaison dans les influences frigorifiques de ses satellites comparées à celles de la Lune.

Quoique je puisse adopter n'importe qu'elle planète à satellites pour obtenir les mêmes résultats que ceux qui vont suivre, je choisirai cependant Jupiter de préférence, parce que son immense étendue, qui en fait, après le Soleil, le plus vaste globe de notre système solaire, nous le rend la plus intéressante des planètes.

COSMOLOGIE SUR JUPITER.

JUPITER POSSÈDE UNE TEMPÉRATURE ATMOSPHÉRIQUE ABSOLUMENT IDENTIQUE A CELLE DE LA TERRE.

Je vous ai dit que la résistance de l'atmosphère solaire dans laquelle circulent toutes les planètes de notre système, se mesurait par le volume des globes qui se meuvent en elle.

Le volume de Jupiter étant 1,414 fois plus grand que celui de la Terre, Jupiter, à sa distance moyenne du Soleil, déplacerait donc 1,414 fois plus de masse de l'atmosphère solaire que ne peut le faire la Terre à la sienne, si la densité de ce milieu était la même dans toutes les régions de l'atmosphère solaire.

Mais comme cette densité diminue comme augmente le carré de la distance au Soleil, et Jupiter étant 5 fois 20 centièmes de fois plus éloigné du Soleil que ne l'est la Terre, la somme de la masse de milieu déplacée par lui à sa distance moyenne est donc 52,40 quotient de 1,414, valeur de son volume plus grand, divisée par 27,04, carré de 5,20 quotient des distances des deux planètes au Soleil.

La force répulsive effective que Jupiter reçoit du Soleil est ainsi 52,40 fois plus grande que celle qui affecte la Terre.

Alors la distance de Jupiter au Soleil devrait être 52,40 fois plus grande que celle de la Terre.

Mais comme il est loin d'en être ainsi, et que cette distance de Jupiter n'est que 5,20 fois plus grande que celle de la Terre, l'attraction effective de Jupiter, à sa distance moyenne et vraie du Soleil, est donc, afin de vaincre cette grande force répulsive, 10,46 fois plus grande que l'attraction de la Terre à la sienne; car 10,46 est le quotient de 52,40, répulsion effective divisée par 5,20, quotient des distances.

L'attraction étant en rapport directe des masses et diminuant comme le carré des distances augmente, la masse de Jupiter est donc 282,42 fois plus grande que celle de la Terre; car ce chiffre est le produit de 10,46, valeur de l'attraction effective de Jupiter à sa distance moyenne multipliée par 27 carré de 5,20 quotient des distances.

Le volume de Jupiter étant 1,414 fois plus grand que celui de la Terre, et ne contenant que 282,42 fois plus de matière que n'en contient le volume de la Terre, la densité de Jupiter est donc 5 fois moindre que celle de notre monde; car 5 est le quotient de 1,414 (volume de Jupiter), par 282,42, valeur de sa masse.

La répulsion effective de Jupiter par le Soleil étant 52,40 fois plus grande que celle de la Terre, et son attraction effective par le Soleil étant 10,46 fois aussi plus grande que celle de la Terre, la distance de Jupiter au Soleil est donc 5,20 fois plus grande que celle de la Terre; car 5,20 est le quotient de 52,42, valeur de sa répulsion effective divisée par 10,46, valeur de son attraction effective.

Cette distance est aussi celle que nous donne l'observation directe.

En raison de sa répulsion effective qui est 52,40 fois plus grande que celle de la Terre, Jupiter est donc lancé dans son orbite avec une force d'impulsion qui est 52,40 fois plus grande que celle que reçoit notre monde; alors la vitesse du mouvement de Jupiter dans son orbite devrait en être d'autant augmentée, si cette impulsion ne rencontrait pas dans Jupiter une masse à mouvoir qui est 282,42 fois plus lourde que celle de la Terre.

L'impulsion de la vitesse de Jupiter dans son orbite se réduit donc d'abord à 0,192, quotient de 52,40, valeur de sa répulsion effective divisée par 282,42 quotient des masses, c'est-à-dire qu'en faisant 1 la vitesse de la Terre dans son orbite, celle de Jupiter dans la sienne devient 5,26 fois moindre, toutes proportions gardées de la différence de densité du milieu dans lequel se trouvent ces deux planètes.

Mais il est démontré en physique que la résistance des

milieux croît à mesure que la vitesse du mobile augmente ; elle n'augmente pas simplement comme la vitesse, mais comme le carré de la vitesse ; ainsi, si l'impulsion qui meut la Terre dans son orbite est bien 5,26 fois plus grande que celle qui meut Jupiter dans la sienne, la Terre, en raison de son plus d'impulsion même, éprouve du milieu dans lequel elle circule, une résistance qui réduit sa vitesse réelle à 2,26, racine du carré 5,26, plus grande que celle de Jupiter.

Effectivement, notre monde parcourt dans une seconde de temps 30,798 mètres dans son orbite, lorsque Jupiter ne parcourt dans la sienne que 13,436 mètres ; or ce premier nombre divisé par le second donne bien pour quotient 2,29.

Comme d'après ma théorie, la chaleur et une partie de la lumière atmosphériques des planètes sont produites par la force répulsive du Soleil, unique agent pouvant engendrer la ségrégation de l'oxygène et du calorique atmosphériques, Jupiter, recevant du Soleil une force répulsive 52,40 fois plus grande que celle imposée à la Terre par le même astre, aurait donc une température atmosphérique qui serait aussi 52,40 fois plus chaude que celle de la Terre ?

Serais-je tombé dans l'absurdité contraire à celle de l'ancienne théorie, laquelle affirme à Jupiter une température 27 fois plus froide que celle de la Terre, lorsque mes calculs portent au contraire cette température 52,40 fois plus chaude que celle de notre monde.

Non, Monsieur le Verrier, non ; Jupiter possède quatre satellites qui viennent mettre bon ordre à son trop grand excès de chaleur atmosphérique produite par le Soleil ; quant à sa lumière, il est vrai que cette planète est bien plus favorisée que la Terre sur ce point comme sur beau-

coup d'autres, aussi est-elle la plus brillante de tous les
globes de notre système solaire; mais vous savez qu'au
physique aussi bien qu'au moral la lumière est une fort
bonne chose.

Il me reste à vous calculer les influences des satellites
de Jupiter sur sa température atmosphérique comparées
à celles que la Lune amène sur celle de la Terre; et certes,
si je me servais des éléments de l'ancienne théorie, ce
ne serait pas une petite affaire; mais la nouvelle physique
céleste que j'offre à la science astronomique, me procure
tout naturellement un moyen de calculs qui est des plus
simples.

Puisque la vitesse des globes dans leur orbite est le
résultat immédiat de leur force répulsive, il me faut
uniquement connaître les chiffres de cette force pour
avoir dans ces chiffres même un terme de comparaison
pour les influences météorologiques astronomiques des
satellites; car ces influences ne naissent réellement que
de cette force répulsive, ainsi que je vous l'ai jusqu'ici
répété avec la plus complète satiété.

La Lune parcourant 1,001 mètres de son orbite dans
une seconde de temps, je prends cette vitesse pour type,
et je dis : l'influence frigorifique de la Lune pour la Terre
est de 1,001; car, dans ce chiffre de sa vitesse dans son
orbite, se trouve parfaitement le rapport de ses influences
météorologiques pour la Terre. Et remarquez aussi que
tous les satellites reçoivent dans leur orbite une vitesse
d'autant plus grande qu'ils sont plus proches de leur
planète principale; ce qui confirme parfaitement leur
influence frigorifique et l'exactitude de ma théorie.

Les satellites de Jupiter dans leurs orbites parcourent :

Le premier*............ 16,928 \
Le second............. 13,387)
Le troisième............ 10,617 { mètres dans une
Le quatrième......... 8,008 { seconde de temps.
____
Somme de leur vitesse. 48,940 /

La somme des influences frigorifiques des quatre satellites de Jupiter pour l'atmosphère de cette planète est donc 48,940, lorsque celle de l'influence frigorifique de la Lune pour la Terre se présente par 1,001.

Or, 48,940 divisé par 1,001 donne pour quotient 49, chiffre offrant le degré de froid atmosphérique que Jupiter reçoit de ses quatre satellites, lorsque celui du degré de froid atmosphérique produit par la Lune sur la Terre se traduit par 1.

Vous voyez donc que, si le Soleil dégage de l'atmosphère de Jupiter une chaleur atmosphérique 52,40 fois plus grande que celle qu'il produit dans l'atmosphère de notre monde, les quatre satellites de Jupiter viennent immédiatement contrebalancer cet excès de chaleur solaire en lui enlevant déjà 49 parties.

Mais là ne s'arrête pas encore l'influence frigorifique des satellites de Jupiter.

Ces globes réfrigérants exercent sur Jupiter leur influence frigorifique d'autant plus qu'ils se présentent plus souvent sur chacun des méridiens de cette planète.

Effectivement, on comprend parfaitement que si la Lune passait deux fois en 24 heures au lieu d'une fois sur chaque méridien de la Terre, son influence frigorifique serait inévitablement doublée pour notre monde.

Or, il en est de même pour les autres planètes possédant des satellites.

La vitesse de la rotation des planètes possédant des satellites est donc aussi un élément réfrigératif.

La rotation de la Terre sur son axe s'opère en 23 heures 56 minutes, c'est-à-dire en 1,436 minutes; celle de Jupiter sur son axe en 9 heures 55 minutes, c'est-à-dire en 595 minutes.

Divisant 1,436, vitesse de la rotation de la Terre par 595, vitesse de la rotation de Jupiter, nous avons pour quotient 2,41, qui est le chiffre de la vitesse plus grande de la rotation de Jupiter comparée à la vitesse de celle de la Terre.

Or, cette vitesse de rotation de Jupiter oblige ses satellites de passer 2 fois 41 centimètres de fois sur chacun de ses méridiens, lorsque la Lune ne passe qu'une fois sur chacun des méridiens de la Terre.

Ainsi, outre la somme de leurs influences frigorifiques directes que nous venons de voir être 49 fois plus grande que celle de la Lune, les quatre satellites de Jupiter passant 2,41 fois autour de la circonférence de leur planète, lorsque la Lune ne passe qu'une fois autour de celle de la Terre, la température atmosphérique de Jupiter se trouve, en raison de la grande vitesse de sa rotation, réfroidie non pas seulement de 49 fois, mais bien de 118,09 fois; car ce chiffre est le produit de 49 par 2,41, et il représente réellement l'influence frigorifique effective des quatre satellites de Jupiter.

Mais en raison aussi de cette vitesse de la rotation de Jupiter, le Soleil fait ségréger de son atmosphère 2,41 fois ses 52,40 fois plus de chaleur, lorsque cet astre n'en fait ségréger qu'une fois dans l'atmosphère de la Terre. Nous devons donc élever aussi la chaleur atmosphérique effective de Jupiter à 126,28 fois plus grande que celle de la Terre; car 126,28 est le produit de 52,40, intensité calculée de la chaleur de Jupiter multipliée par 2,41, valeur de l'excès de vitesse de la rotation de Jupiter sur celle de la rotation de la Terre.

Maintenant, pour obtenir la chaleur absolue, réelle, qui règne dans les régions basses de l'atmosphère de Jupiter, comparée à la chaleur des régions basses de l'atmosphère de la Terre, nous n'avons plus qu'à obtenir le quotient de 126,28, représentant le chiffre de la chaleur atmosphérique effective de Jupiter divisé par 118,09, représentant le chiffre de l'influence frigorifique effective de ses quatre satellites.

Or, ce quotient est 1, c'est-à-dire que la température atmosphérique de Jupiter est 1, lorsque celle de la Terre est aussi 1; ou autrement dire le degré de chaleur atmosphérique que Jupiter conserve de toutes les influences sidérales qui réagissent sur lui, est parfaitement identique à celui que possède la Terre; et il en est de même de toutes les planètes de premier ordre de notre système solaire et ayant des satellites.

Voilà donc, Monsieur Le Verrier, le colosse de notre système solaire et que l'ancienne théorie avait retranché du règne de la vie et de toute utilité, rendu à des fonctions non moins grandes que celles qui attirent notre admiration sur la Terre. Jupiter est même ouvert à l'humanité; car, dans la supposition que l'homme n'est pas encore procréé sur cette planète (ce qui est fort douteux), nous pourrions aller nous y fixer, si nous ne trouvions pas quelques difficultés pour nous y transporter matériellement.

Devant ces chiffres maintenant irréfutables, devant un résultat calculé aussi frappant des influences frigorifiques des satellites pour leur planète principale, est-il encore possible, raisonnablement possible, de nier ces influences? Et ne voyons-nous pas aussi que, comme ma nouvelle physique céleste en démontre la cause vraie, les satellites accélèrent singulièrement la vitesse de rotation de leur planète.

7

Le divin Architecte de l'univers a tout prévu dans ses sublimes conceptions : lorsqu'un satellite vient se fixer aux destinées d'une planète, phénomène qui journellement peut se produire, sans doute ce satellite viendra bouleverser et défoncer la surface de la planète à laquelle il se livre, et cela en raison de sa vitesse prodigieuse de corps en chute.

Sans doute du choc atmosphérique primitif de ces deux corps, il en résultera de terribles commotions, une catastrophe planétaire effroyable telle que celle dont l'aspect bouleversé de la surface de la Terre nous offre les traces frappantes, manifestes, quoique les eaux des mers déplacées plusieurs fois depuis cette tourmente, en ayent déjà beaucoup effacé, tourmente à l'appui de l'authenticité de laquelle j'invoquerai la véracité des livres sacrés s'il en était besoin ; car elle se trouve dans toutes les traditions des plus antiques nations du monde. Ces nations se sont éteintes les unes après les autres sans même nous léguer leurs noms ; la tradition de cette tourmente planétaire a seule survécu aux nations ; et toujours elle reporte ce bouleversement complet de notre monde à l'épisode de la perte du paradis terrestre d'Adam, à l'avènement sur la Terre de la femme céleste, venue du ciel ; à l'arrivée du satellite de la Terre, enfin à la venue de la Lune dans la sphère d'attraction de notre monde.

Vraiment l'histoire de ce grand fait planétaire se trouve dans les traditions de certains peuples de l'antiquité, aussi bien égyptienne, grecque qu'américaine, exposée dans les propres termes dont je me sers ici ; et chez d'autres nations asiatiques, et chez les plus mystiques même, je la retrouve encore à peine voilée sous l'allégorie.

La production la plus mystique de toutes les œuvres traditionnelles, et dont la lecture nous laisse toujours sous le souffle mystérieux d'un révélateur presque divin, tant il est véridique, l'Apocalypse enfin, dans son langage si riche de poésie, si riche de ces pittoresques expressions qui caractérisent les premiers historiens de l'humanité, vient elle-même me raconter dans chacun de ses chapitres chacune de ces terribles scènes de destruction qui se jouèrent dans ce grand drame planétaire, où notre monde entier, perdu dans un nouveau cahos, se débattait dans des convulsions aussi subites qu'effroyables se percutant jusqu'au plus profond de ses entrailles.

Car à l'arrivée de la Lune vers la Terre, le feu de l'atmosphère embrasée qui en résulta, et consommant la vigoureuse végétation primitive de notre monde, se mêlait aux eaux et au feu intérieurs surgissant à la surface de la Terre défoncée, pour transformer complètement, en quelques heures, notre monde entier d'un Eden ou paradis terrestre en un autre monde où la vie ne se donne plus que par le travail.

Je ne suis pas théologien; il ne m'appartient pas d'approfondir la cause morale qui produisit ce grand fait; mais ce qu'il y a de certain en physiologie, c'est que ce fait naturel était indispensable au perfectionnement intellectuel de l'homme, qui serait resté à l'état incomplet, à celui de la végétation animale, sans cette catastrophe amenée par l'arrivée de la Lune, agent terrible que Dieu envoya pour chasser l'humanité du domaine de son enfance; car qui fait en général et fait en particulier l'homme intellectuel? ses besoins à satisfaire.

Faut-il attribuer cette transformation de notre monde à la fatalité, au hasard, comme le firent les anciens philosophes? Non, certes; dans le concert harmonieux du mécanisme qui meut la création, il n'y a rien de fatal, il n'y a rien du hasard : il y a une volonté omnipotente, immuable que nous ne pouvons définir que par ce mot sublime : Dieu.

Je ne peux que raconter les faits de la nature ; que ces faits viennent corroborer le fondement des croyances religieuses de tous les peuples et principalement des chrétiens, j'affirme alors que leur théologie repose sur une base immortelle ; car cette base est l'histoire même de notre monde.

L'épisode de la perte du paradis terrestre d'Adam (représentant l'humanité entière dans sa personnalité historique), est vrai, véritablement vrai, ce qu'il y a de plus vrai dans la nature ; et sous les croyances religieuses qu'il apporta à l'humanité, devait naître le Christianisme ; le Christianisme était aussi inévitable qu'est inévitable la lumière du Soleil paraissant à l'horizon après une longue nuit.

Rendre aux croyances religieuses leur base primitive, leurs fondements scientifiques et historiques, ce n'est certes pas vouloir les détruire ; n'est-ce pas les fortifier et les mettre désormais à l'abri des diatribes de l'ignorance, qui prétend dissimuler sa faiblesse innée sous le clinquant d'un esprit frondeur.

Cette réponse faite pour toutes les subjections que peut faire naître cette résurrection de l'antique philosophie humaine, je continue mes appréciations astronomiques.

Une fois terminée la tourmente planétaire produite par l'arrivée d'un satellite, le tout reprend son équilibre dans la planète transformée.

Si alors cette planète s'approche plus près du Soleil en raison de la diminution de son volume (ce qui arriva pour la Terre dont le volume fut diminué d'un tiers de ce qu'il était avant sa catastrophe lunaire), la chaleur atmosphérique de la planète en est singulièrement augmentée ;

mais l'agent même de cette révolution, son satellite nouveau, vient immédiatement ramener sa température invariablement au même degré que nous lui retrouvons encore sur notre modeste monde, comme sur toutes les planètes de premier ordre avec ou sans satellites.

Je pourrais encore ici étendre mes calculs à toutes les planètes de premier ordre, et vous démontrer que toutes sont soumises aux lois immuables dont je viens de vous exposer l'existence vraie.

Mais je n'ai pas ici la prétention de vous faire un cours complet d'astronomie. D'ailleurs, n'ai-je pas pris mes preuves dans les deux extrêmes : dans Mercure, l'infiniment petit des planètes de premier ordre et n'ayant pas de satellite, et dans Jupiter, l'infiniment grand de notre système solaire et possédant quatre satellites ?

Cela doit vous suffire, Monsieur Le Verrier ; et vouloir appliquer mes calculs à toutes les autres planètes, ce serait m'exposer, sans aucun profit, à faire un énorme volume de cet opuscule, dont je vois déjà avec effroi, et au-delà de toutes mes prévisions, les feuilles se multiplier sous ma plume.

Ainsi, dans la crainte d'augmenter mes frais inutiles de publicité, et d'enlever à ma famille un temps qui lui appartient tout entier ; car, *as english people says :* « Times is money ; » je ne pousserai donc pas plus loin les preuves de l'exactitude de la nouvelle physique céleste que je viens de vous exposer, ayant d'ailleurs atteint mon but, en vous démontrant que M. Mathieu (de la Drôme) est dans le vrai en affirmant que les observations météorologiques lui démontrent dans la Lune un agent frigorifique, témoignage indirect et bien désintéressé de l'exactitude de ma théorie, dont la publicité date de 15 ans.

Sans nous connaître, ignorés de l'un de l'autre, nous

avons tous deux, M. Mathieu et moi, marché sinon dans la même voie, au moins vers le même but.

Plus jeune que moi dans la lutte, car je compte plus de 25 ans de travaux, il n'est pas extraordinaire que M. Mathieu (qui avoue ne s'être occupé de météorologie que depuis 1855), s'égare dans plus d'un cas. Quoique riche d'observations, ce qui m'a toujours fait défaut, il manque encore l'astronomie à cet infatigable travailleur.

Puisse Dieu permettre que cet opuscule tombe entre les mains de M. Mathieu (de la Drôme)! il y trouvera ce qu'il cherche en vain dans l'ancienne théorie, « *l'intelli-* » *gence de cette cause, de cette influence encore mysté-* » *rieuse, encore inconnue de la Lune, mais prouvée par* » *l'observation,* » comme il le dit. Et je ne doute pas que ce petit livre, entre les mains d'un observateur aussi laborieux, ne l'aide puissamment à toucher son noble but, à la solution d'un des plus grands problèmes réservés à l'humanité, à la prévision des mouvements météorologiques.

Je me trouverai fort satisfait lorsque je n'aurai que ce mérite pour récompense de toute ma jeunesse passée à cette étude ingrate du ciel, que j'avais abandonnée depuis dix ans.

Mais une cause des plus indirectes me ramena, l'an dernier, à mes études astronomiques qui me furent jadis si chères.

La périodicité des gelées de nos vignes, qui apportait depuis plusieurs années tant de déceptions à nos laborieux vignerons, m'engagea à chercher un remède contre cette calamité annuelle. Ce remède, je le trouvai et le pratiquai à l'aide d'un fort modeste protecteur que je dénomme cône électrique, en raison de sa préparation essentiellement électrique.

Solliciter par l'exemple et la parole nos vignerons à adopter un engin nouveau, est beaucoup plus difficile que l'invention même de l'engin.

Afin de leur donner un avis qui devait les rendre plus prudents par la suite, je cherchai, en calculant à l'aide de ma théorie la météorologie future des six premiers mois de l'année 1863 (ce travail fut publié dans le *Journal de la Marne*), si nous aurions, en 1863, des gelées tardives.

Mais quel fut mon étonnement lorsque je vis que le périgée de la Lune se ferait cette année sur le tropique du capricorne ; donc pas de gelées tardives possibles ; et mes prédictions furent absolument contraires à celles de M. Mathieu (de la Drôme) pour la même période de temps.

Cette discordance fut loin cependant de m'ôter toute mon admiration pour la persévérance et pour le courage de cet infatigable athlète de la météorologie ; car j'ignore ce sentiment bas qu'on nomme la jalousie.

Il manque à M. Mathieu (de la Drôme) une théorie, une base à ses calculs d'observation ; je viens donc là lui offrir avec le plus grand désintéressement.

Comme il est fort présumable que cet écrit sera mon dernier, je dois en toute conscience vous vider totalement ma besace scientifique.

Je vous ai parlé de la météorologie électrique, c'est-à-dire locale et accidentelle qu'il est au pouvoir de l'homme de produire immédiatement.

Il me reste donc, pour conclusion, de vous traiter de cette nouvelle science.

MÉTÉOROLOGIE ÉLECTRIQUE

C'EST-A-DIRE

LOCALE ET MÉCANIQUE.

Prévoir est beau, mais produire est supérieur.

Il y a quinze ans que je publiai ces lignes contre l'incrédulité de François Arago touchant la météorologie astronomique.

« Que penserait donc de lui-même notre trop incré-
» dule académicien de 1848, s'il pouvait voir le jour où
» l'homme dira :

» J'ai été trouver l'aigle dans les hauteurs de l'atmos-
» phère : je lui ai proposé le défi dans la rapidité de
» son vol; et je l'ai vaincu.

» Mes mains tiennent la foudre et la clef des cataractes
» du ciel.

» A mon gré, je peux faire tomber sur la contrée de
» mon choix des torrents de pluie incessante; ou, si cela
» me convient, je lancerai sur elle les feux du ciel qui
» réduiront en cendres jusqu'à ses pierres.

» La matière m'obéit; les éléments sont mes esclaves.

» Eh bien ! ces terribles et si puissantes destinées qui
» attendent l'homme et que maintenant on traite d'uto-
» pies, je les prévois : elles sont en embryons dans le
» sein de la science moderne, et ma main sent déjà les
» pulsations qui attestent leur prochaine naissance.

» Encore quelques années d'incubation intellectuelle,
» et elles apparaîtront au monde pour armer l'homme de
» la puissance suprême à laquelle Dieu l'appelle depuis
» si longtemps. »

Voici, Monsieur Le Verrier, une thèse digne de capter votre attention de savant et d'homme de progrès.

Mes longues dissertations chimiques et physiques que contiennent les premières feuilles de cet écrit, ont pu certainement vous ennuyer fortement, si toutefois vous avez eu le courage de les lire.

Eh bien, c'est par elles et par leurs données que je veux obtenir la solution des ces grandioses problèmes.

Leur droit de publicité existait; et si je me suis longuement complu sur ces dissertations, c'est que je savais d'avance tout ce que je pouvais retirer de leur intelligence pour la météorologie mécanique.

Souvenez-vous que je vous ai démontré que le fluide électrique n'est autre que le calorique passé d'abord à son *minimum* d'oxydation sous l'aspect du fluide lumineux voyageur, et qu'un peu plus d'oxygène absorbé par ce fluide lumineux en fait le fluide électrique adhérent à la surface des corps.

De cette donnée nous déduisons ceci :

Que les vapeurs d'eau qui s'élèvent de la surface de la Terre vers les hauteurs de l'atmosphère, par l'action évaporative du Soleil, sont puissamment électriques; car elles sont constituées par l'élément électrique lui-même, par le calorique qui leur produit la fluidité de leur combinaison.

Mais de leur départ de la surface de la Terre et jusqu'à une certaine hauteur, la propriété électrique de ces vapeurs est parfaitement latente, c'est-à-dire ne peut nous donner aucun indice électrique.

Suivons toujours en imagination ces vapeurs d'eau encore invisibles dans leur ascension vers les régions élevées de l'atmosphère.

Elles ne tardent pas, selon les époques plus ou moins

chaudes, à se trouver dans un milieu plus froid, qui les condense, leur enlève de leur calorique, et les rend alors plus ou moins visibles, selon les saisons, sous forme de nuages.

Si la quantité de calorique qu'ont transporté ces vapeurs d'eau dans les régions élevées de l'atmosphère, est très-considérable (ce qui a lieu en Europe aux époques des grandes chaleurs, et toujours sous la zône torride), où ira se loger cette masse de calorique ségrégé de ces vapeurs d'eau, de ces nuages, et que leur condensation vient d'expulser de leurs pores ?

Ce calorique s'étendrait-il en rayonnant dans l'espace ? non ; car par quelle vertu rayonnerait-il ainsi, puisqu'il n'est plus à nu, c'est-à-dire à l'état de feu pur, ni même à son *minimum* d'oxydation, c'est-à-dire à l'état de lumière, puisqu'il est invisible ?

Ce calorique, ségrégé ainsi dans les hauteurs de l'atmosphère, est donc encore en combinaison? il l'est, et ne peut l'être qu'avec l'oxygène, et alors sous l'état de sa deuxième catégorie d'oxydation, c'est-à-dire à l'état de fluide électrique adhérent à la surface des corps.

Le seul et unique corps présentant quelque surface et qu'il peut rencontrer dans ces régions élevées de l'atmosphère, n'est que ce nuage même qui vient de le ségréger.

Alors ce calorique à son état électrique devient adhérent à ce nuage, non plus en combinaison comme il l'était primitivement, mais sur les surfaces de ses molécules vésiculaires apportant (par cet ensemble de vésicules chargées de fluide électrique), à ce nuage toutes les propriétés électriques, lesquelles transportent ce nuage, par leur force d'attraction électrique, à des distances énormes souvent du point où il fut formé, et cela au travers de l'atmosphère à une hauteur qui varie selon le plus ou moins de chaleur atmosphérique. Le vent provient de ce fait.

Parmi les propriétés électriques, il en est une que tout le monde connaît et que Franklin observa le premier; c'est que le fluide électrique des nuages peut, en entraînant avec lui les nuages, être soutiré par les pointes métalliques, par le sommet des hautes futaies de nos forêts, enfin par les points les plus élevés de la Terre.

Le fluide électrique, ainsi soutiré des nuages par ces diverses causes, entraîne assez généralement avec lui le reste du calorique tenu encore en combinaison dans les vapeurs d'eau ou nuages, et ramène ainsi instantanément ces vapeurs d'eau à leur primitif état de liquide, ou autrement dire, il fait résoudre ces nuages en pluie inopinée.

Or, ce phénomène, ce fait que la nature opère journellement sous nos yeux, pourquoi l'homme ne l'imiterait-il pas ? Le moyen lui manque-t-il ? non, certes.

Qu'il envoye dans les régions élevées de l'atmosphère, où circulent ces vapeurs et ces nuages, un aérostat armé de pointes métalliques et portant des conducteurs électriques jusqu'à la surface de la Terre, l'homme se rendra immédiatement maître de la pluie, et il l'obtiendra à sa volonté.

C'est l'œuf de Cristophe Colomb; et chacun peut à bon droit s'étonner pourquoi un tel procédé d'arrosage n'est pas encore employé.

La France, plus que toute autre région du continent européen, possède une situation géographique des plus favorables pour l'exécution d'une telle entreprise.

Elle forme presque un vaste quadrilatère ayant au Sud les Alpes, la Méditerrannée et les Pyrénées, et à l'Occident l'Océan atlantique dont les plaines s'étendent jusqu'à l'Amérique.

Au Sud de la France se trouvent ainsi une mer déjà assez vaste et des montagnes les plus hautes de l'Europe, puis à son Occident le grand Atlantique et la Manche, régions qui sont les officines toujours en travail où se produit journellement la formation des vapeurs d'eau d'une part, et de l'autre part la transformation de ces vapeurs en nuages et leur agglomération par nos montagnes.

Le Nord et l'Orient de la France, où s'étendent de vastes continents se perdant vers le pôle nord et vers l'extrême Orient de l'Asie, nous offrent un état atmosphérique absolument contraire à celui du Sud et de l'Occident de la France.

On peut affirmer, avec la probabilité la plus grande, que les vapeurs d'eau, soit à l'état invisible, soit à l'état de nuages, se rendant sur les régions du Nord ou de l'Orient du continent Européen, en ne dépassant pas les derniers parallèles du Sud de la France, ont en grande partie passé sur notre pays, allant porter le bienfait des pluies à des régions plus ou moins lointaines du Nord ou de l'Orient, lorsque la France en est sevrée.

Est-il possible à l'homme d'arrêter à leur passage sur nos contrées une partie de ces vapeurs d'eau et de les faire résoudre en pluie sur la surface de la France?

Sans aucun doute; il suffit pour produire ce grand fait d'envoyer sur une ligne parallèle traversant le milieu de la France, du Nord au Sud, une série d'aérostats armés de pointes métalliques communiquant à la surface du sol, et de les tenir dans cette position jusqu'à ce que la France soit suffisamment arrosée de pluie fécondante, car cette pluie serait puissamment chargée de fluide électrique.

Mais le phénomène des années arides par leur sécheresse est beaucoup plus rare que celui des années pluvieuses et humides, qui sont malheureusement trop fréquentes en France surtout depuis l'établissement de ses chemins de fer. Ce serait donc un plus grand bienfait pour l'agriculture française de remédier aux inconvénients de ces dernières années qu'à ceux des premières.

Ce remède à apporter aux années pluvieuses n'est pas plus difficile que celui appliqué aux années sèches. Un changement d'orientation des aérostats suffit; et la mise en pratique de la météorologie astronomique que je viens de vous développer amplement, pouvant long-temps d'avance nous apporter la prévision des années sèches ou pluvieuses, nous donnera le temps nécessaire pour prendre toutes nos dispositions afin de venir lutter contre leurs influences néfastes.

On ne se rendit pas assez compte jusqu'ici des raisons qui nous produisent les périodes pluvieuses; outre celles (et ce sont les plus nombreuses et les plus puissantes), provenant des influences lunaires, il en est d'autres acci-dentelles, mais étant toujours des suites des influences lunaires.

Lorsque la pluie suit le cours d'une longue période, soyez assuré, quelle que soit l'époque de l'année, que c'est une preuve certaine que la capacité de l'air des régions supérieures de l'atmosphère est singulièrement diminuée pour contenir les vapeurs d'eau, soit par le froid de la saison, soit par les influences lunaires conti-nues, ou par ces deux causes réunies.

Lorsqu'il pleut longtemps et en petite quantité conti-nue, c'est une preuve certaine que l'air atmosphérique ne contient réellement pas une énorme quantité d'eau, mais qu'il se réfroidit insensiblement.

Purgez l'air de cette petite quantité de vapeurs d'eau

lentes à tomber, en la résolvant en pluie inopinément et en quelques heures, vous obtiendrez immédiatement le beau temps, le Soleil qui règne déjà et depuis longtemps dans les régions élevées de l'atmosphère.

Le système d'aérostats que je viens de vous proposer, opèrera facilement ce prodige ; et pour obvier en même temps à l'introduction en France de nouvelles vapeurs d'eau provenant de la Méditerrannée et de l'Océan, une ligne d'aérostats lancés et captifs sur des navires stationnaires à une certaine distance au large sur la Méditerrannée et sur l'Océan atlantique, viendra aider et compléter le travail des aérostats de l'intérieur des terres.

Le gouvernement français qui mettrait en pratique une telle série d'aérostats météorologiques serait réellement pour la France une seconde providence.

Inutile de détailler ici la somme des richesses que notre belle patrie retirerait d'un tel jeu météorologique.

Voici donc en quelques lignes la solution de ce problème, la réalisation de cette prophétie, de cette utopie que j'avançai en 1848 à l'incrédule François Arago :

« Mes mains tiennent la foudre et la clef des cata-
» ractes du Ciel. A mon gré, je peux faire tomber sur
» la contrée de mon choix des torrents de pluie inces-
» sante. »

Reste maintenant à vous traiter la seconde partie de cette prophétie :

« Ou si cela me convient, je lancerai sur cette contrée
» les feux du ciel qui réduiront en cendres jusqu'à ses
» pierres. La matière m'obéit ; les éléments sont mes
» esclaves.

» J'ai été trouver l'aigle dans les hauteurs de l'at-
» mosphère ; je lui ai proposé le défi dans la rapidité
» de son vol ; et je l'ai vaincu. »

NAVIGATION AÉRIENNE.

Il est saint d'étudier les œuvres de la nature ; car
c'est converser avec Dieu. Il est bien d'apporter à la
science de nouvelles données ; car chacune d'elles est
une pierre posée à l'œuvre du bien-être public.

Je ne reconnais d'utopie, dans toute l'acception mauvaise de ce mot, que ce que l'homme voudrait entreprendre en dehors des lois de la nature.

L'utopie ne peut donc exister que dans le domaine
de la métaphysique, et jamais dans l'imitation que nous
pouvons faire des mouvements naturels.

Lorsque je vois, entre le moucheron presqu'invisible
et le vautour, une myriade d'espèces d'animaux s'élever
dans l'air, s'y maintenir et y voyager à des distances quelquefois prodigieuses, j'affirme que la navigation aérienne
n'est pas une utopie.

Si l'on me dit que toutes les sciences refusent l'une
après l'autre cette possibilité à l'humanité, je réponds :
Est-ce que vous connaissez tous les mystères de la
nature ? L'homme lui-même est une machine indéfinis-
sable, et cependant il existe.

Ma pensée entraînée sur un faible fil vole déjà pour
se manifester en quelques minutes d'une extrémité du
monde à l'autre. Il y a cinquante ans, si un homme eût
osé émettre la prophétie d'un tel prodige, on l'aurait
traité de fou, comme de nos jours on traite de fou
l'homme dont l'esprit s'use à la recherche de la navigation aérienne.

Eh bien, Monsieur Le Verrier, avec toute la plénitude
de ma raison, dont vous avez pu vous rendre compte
par ce que je viens d'écrire, je me fais fort de vous

transporter matériellement de Paris à Pékin en très peu de temps, en ligne directe, et au travers des airs : conte des mille et une nuits réalisé !

Ne croyez pas au moins que je voudrais finir par une mauvaise plaisanterie cet écrit si sérieux dans toutes ses parties.

Ce que je vous affirme est vrai.

Comme ancien marin, libre et volontaire, tantôt officier, tantôt matelot, selon les circonstances plus ou moins favorables à ma volonté qui m'appelait à un point d'observation déterminé sur notre globe; aventurier enfin pour la science, comme jadis l'étaient les flibustiers pour la rapine, vous devez fort bien admettre que la puissance du vent sur les surfaces m'est parfaitement connue en marine.

Aussi ai-je appris par la marine que la navigation aérienne ne pouvait jamais sortir des formes diverses jusqu'ici données aux aérotats, et lesquelles offrent pour toute certitude les dangers les plus assurés.

En théorie, la solution de la navigation aérienne repose sur ceci : frapper l'air avec une vitesse telle que l'air fasse résistance avant de céder.

Alors l'air lui-même sert de point d'appui.

C'est ce qui arrive dans le phénomène des oiseaux prenant leur essor. Mais dès que les oiseaux atteignent dans leur vol un certain équilibre des deux forces qui leur produisent leur mouvement, ils frappent l'air avec d'autant moins de vitesse que l'envergure de leurs ailes est plus grande.

Aussi les oiseaux émigrants et ainsi appelés à des courses longues et continues, ont-ils la longueur de leur envergure énorme comparée à la petitesse de leur corps; car à la diminution de la vitesse du mouvement des ailes (laquelle vitesse fatiguerait en fort peu de temps tout le système musculaire de l'oiseau, si elle était longtemps continue), s'offre une longueur d'ailes qui fait frapper par l'oiseau la même quantité d'air nécessaire à son soutien : quantité que l'oiseau ne pourrait obtenir, si ses ailes étaient plus courtes, qu'en frappant l'air avec une vitesse qui serait 9 fois plus grande si les ailes présentaient 3 fois moins d'étendue, 9 étant le carré de 3.

La résistance de l'air n'est pas une faible puissance; elle est gigantesque, et nous venons de le voir dans les mouvements des astres : elle est énorme, prodigieuse; elle peut produire et produit les plus grands effets de la nature.

Elle augmente dans le rapport des surfaces qui frappent l'air; mais elle augmente aussi comme le carré de la vitesse de la surface qui le frappe; car la vitesse qui fait frapper l'air contribue doublement à la puissance de sa résistance.

En effet, plus la vitesse du corps frappant est grande, plus il y a de molécules d'air qui ont part à la résistance, et plus ces molécules présentent d'obstacles à ce corps par leur force d'inertie.

Si le corps choquant a cinq ou six fois plus de vitesse, il est évident que chaque molécule de l'air offre cinq ou six fois plus de résistance au passage du corps choquant; et, en outre de cela, il y a cinq ou six fois plus de molécules à choquer dans le même temps par le corps en mouvement; en sorte que la surface du corps choquant recevra 25 ou 30 fois plus de résistance, puisqu'elle a cinq ou six fois plus de molécules d'air à choquer avec cinq ou six fois plus de vitesse.

Donc la résistance de l'air contre les surfaces augmente comme le carré des vitesses des corps qui le déplacent, lorsqu'elle n'augmente qu'en rapport des surfaces de ces corps.

Ainsi la navigation aérienne est soumise à la même loi astronomique que nous venons de voir produire tous les mouvements des globes planétaires.

S'occuper de la solution de ce grand problème, ce n'est donc pas sortir du domaine de l'astronomie; et le plus grand astronome qui en ferait son étude spéciale, certes ne dérogerait nullement à son *decorum*.

Mais où trouver une puissance mécanique asssez grande pour frapper l'air avec une vitesse telle que l'air serve de point d'appui, comme l'eau à l'aviron ?

Dans la vapeur ! chacun va s'écrier.

Oui, sans doute; mais une pompe à feu demande pour sa construction un poids métallique très-considérable, qui vous obligera d'augmenter d'autant plus le volume du globe possédant la puissance d'ascension; or, en offrant au vent une surface d'autant plus grande que ee globe a un poids plus lourd à soulever, vous détruisez immédiatement tout le bénéfice de vitesse que vous avez obtenu par votre pompe à feu.

Je ne veux pas parler du danger assuré que courraient les imprudents qui voudraient suspendre, sous un aérostat gonflé de gaz hydrogène, un foyer aussi actif que celui d'une pompe à feu, ni le poids du combustible et de l'eau qu'il faudrait soulever, et dont la consommation changerait à chaque instant le niveau de l'ascension, première condition de la navigation aérienne.

Mais j'admets que la mécanique fasse ce prodige : qu'elle trouve un merveilleux moteur assez léger, assez puissant pour obtenir cette translation aérienne tant recherchée avec les formes jusqu'ici données aux divers aérostats et avec le faible tissu qui les constitue ; il est certain que ces aérostats ne pourraient résister cinq minutes aux deux puissances sous lesquelles ils se trouveraient : sous l'action directe du vent et de la puissance du mécanisme agissant en direction contraire. Ces aérostats se romperaient immédiatement.

Donc la navigation aérienne est une impossibilité humaine.

Non, Monsieur Le Verrier ; non, mille fois non ! je tiens cet important problème résoluble par un appareil aérostatique offrant cette merveilleuse disposition qu'il n'a besoin d'aucun mécanisme pour obtenir une des plus grandes vitesses que la nature peut produire, une vitesse toute sidérale ; car sa première impulsion se multiplie sans cesse par elle-même, par la vitesse acquise de l'aérostat ; elle suit la loi qui régit le mouvement accéléré des corps en chute.

En effet, ce ne pouvait être que par quelque chose d'identique à cette loi de l'accélération de la chute des corps (loi toute astronomique, puisque c'est elle qui fit découvrir l'attraction), mais dont l'effet est transporté de sa direction verticale en une direction horizontale, que le problème de la navigation aérienne pouvait être en toute vérité résolu.

Je ne prétends pas vous dire que l'impulsion première de mon aérostat soit semblable, par rapport au chiffre, à celle d'un corps en chute tombant librement sur la surface de la Terre, laquelle impulsion fait parcourir à ce corps, d'après la loi découverte par Galilée, 15 pieds à la première seconde de temps, 3 fois 15 à la troisième, etc., mouvement accéléré suivant la loi de la progresson $\div$ 1.3.5.7.9.11. etc.; car je ne connais pas encore le chiffre (d'ailleurs fort variable, puisqu'il est

soumis à la puissance si variable du vent) de la première impulsion que pourra recevoir mon aérostat.

Seulement la théorie m'affirme géométriquement que,
quel que soit le chiffre de cette première impulsion, le
mouvement accéléré de la première vitesse qui en
résultera pour mon aérostat, suivra cette même loi de
la progression du mouvement accéléré des corps en
chute ÷ 1.3.5.7.9.11. etc.

Sous une puissance de vitesse s'accélérant ainsi d'elle-
même d'instants en instants, mon aérostat est donc appelé à franchir en quelques heures des distances immenses; et ce serait là son unique défaut, qui serait
assez grand certes pour le faire rejeter, s'il ne permet-
tait pas de modérer sa vitesse, seul élément mécanique
qu'il accepte, si toutefois on peut ranger un procédé si
simple dans une catégorie de la mécanique.

Quelle que soit la grandeur de mon appareil aérostatique (et je le veux grand, immense, mesurant pour le
moins 150 à 200 mètres par sa longueur), le vent sera
toujours assez impuissant sur ses surfaces pour ne pas
produire la moindre dérive à la direction quelqu'elle
soit qu'on lui imposera.

Comme je viens de vous le dire, cet appareil ne porte
aucun mécanisme moteur, aucune voile, aucune ma-
nœuvre, si ce n'est un léger gouvernail mu comme celui
des navires, et auquel il est fort sensible; unique agent
qui lui transmet immédiatement sa direction et l'y maintient en droite ligne, quelle que soit la violence du vent
contraire.

Vraiment, ainsi que l'aigle dans son vol, son allure la
plus coquette, la plus favorable à sa marche, sera de
courir vent debout, problème que n'a pas encore résolu
la navigation à voiles.

Ce n'est pas à dire cependant que mon système de déviation du vent que j'applique à la solution du problème de la navigation aérienne, soit impraticable pour la marine.

Loin de cela ; j'avoue que c'est à la marine que je dois sa conception, et qu'ainsi ma première pensée fut son application sur mer en remplacement des voiles, agrès si ruineux pour les armateurs français, et je dirai même des plus funestes ; car c'est à la difficulté qui exige une longue pratique, et à la lenteur des manœuvres trop compliquées des voiles que l'on doit attribuer presque la totalité de nos sinistres maritimes.

Ce n'est certes pas un paradoxe.

Souvent, trop souvent la pratique me démontra très-sévèrement tous les abus et les vices des voiles prises pour force propulsive des navires,

En France, il faut bien se l'avouer, notre marine marchande n'est pas riche en matelots exercés, je pourrai même presque dire intelligents.

Dans la formation d'un équipage français pour le long-cours et composé de douze à seize matelots, combien y a-t-il de véritables matelots ? trois ou quatre, le quart assez généralement ; car le bon matelot est très-cher, étant fort rare.

Voilà donc, pendant les trois quarts du temps d'un voyage maritime, une fortune, le navire et son chargement, et l'existence de quinze à vingt individus (dans la supposition peu probable que le navire ne porte aucun passager), entre les mains d'un trop jeune marin, d'un novice enfin, d'un timonier inexpérimenté, qui perd infailliblement la tête à l'attaque soudaine d'un de ces grains si brusques, si terribles des tropiques.

Un coup de barre est donné à contre sens ; le navire

lofe, et en quelques secondes il est démâté ; vergues, manœuvres, mâts brisés tombent sur le pont, et confondant leur tumulte avec les hurlements de la mer en furie, blessent et écrasent l'équipage.

Voilà le moindre inconvénient qui peut résulter de l'inexpérience d'un trop jeune timonier en pleine mer, évènement qui arrive même en beau temps sous une forte brise lorsque le navire est au plus près du vent ; mais si je suppose le navire proche des côtes, soit dans un courant de vent ou de mer portant sur ces côtes, ma supposition m'amène directement à la perte du navire et de son équipage.

Je ne suis pas homme à remarquer un abus sans chercher à le détruire ; car telle est ma mauvaise nature.

Obliger les armateurs français, en leur démontrant que c'est leur intérêt le plus précieux d'avoir sur leurs navires un plus grand nombre de marins expérimentés, je n'ai jamais eu ce pouvoir ; d'ailleurs ce serait m'exposer à ce qu'ils me répondent : Procurez-nous-les, ces marins ; car nous n'en trouvons pas ; l'inscription maritime nous les enlève.

Il fallait donc résoudre ce problème : faire une bonne marine marchande française avec le moins de marins possible.

Les personnes superficielles, qui ignorent ce que c'est qu'un navire de long-cours, répondent : ce problème est résolu depuis longtemps par la vapeur.

Sans doute, la vapeur vient diminuer, trop diminuer le personnel maritime de la France, puisqu'elle supprime le cabotage, cette pépinière de marins ; mais pour le long-cours et la pêche de la baleine, la vapeur n'est pas praticable, 1o en raison de l'énorme chargement de charbon que le navire est obligé de porter en outre de sa marchandise, ce qui réduit singulièrement le chiffre de son tonnage restant au transport ; 2° et en raison de la grande difficulté de trouver en tous lieux du globe de ce charbon même à un prix ruineux pour les armateurs...

La navigation par la vapeur coûte trop cher, et celle par le vent ne coûte rien, que ses avaries, que mon appareil à déviation du vent réduit à zéro, en assurant le navire contre tous les sinistres et les variations du vent.

Un navire armé de ce système fort peu dispendieux, est toujours appareillé et sous les mêmes amures pendant tout le temps de sa course ; je ne lui conserve, pour voiles uniques, que les focs, afin de l'aider à virer de bord plus lestement et de le tenir bien gouvernant dans certains cas.

Il n'y a plus de manœuvres de voiles à opérer, comme il n'y a plus d'avaries à craindre de sautes du vent le plus impétueux.

Le navire gouvernera toujours bien sans dérive, et il ne peut être ardent ; car l'avant et l'arrière de son centre de gravité sont toujours en parfait équilibre ; et jamais il ne donnera à la bande, mouvement qui ralentit singulièrement sa marche, et fait de son séjour une véritable torture humaine.

Quelle que soit l'inexpérience de son timonier, les erreurs de ce dernier ne sont plus à craindre en pleine mer ; car le navire peut pivoter sur lui-même sans causer le moindre dommage.

Au vent arrière, au largue comme au plus près, la vitesse d'un tel navire n'en diminuera pas ; et au besoin, il s'avancera dans le vent, si la lame peut le lui permettre sans inconvénient.

Comme dans la navigation aérienne, la vitesse d'impulsion de ce navire se trouve à chaque instant doublée par cette vitesse même, et un tel navire peut en fort peu de temps atteindre, même sous une faible brise continue, à une vitesse dépassant celle du navire à vapeur le plus puissant.

Qu'advienne une voie d'eau, son appareil, sans cesser sa propulsion sur le navire, peut faire fonctionner constamment les pompes, ainsi que le fait la vapeur.

La conception de cet appareil de déviation du vent atteignit chez moi toute sa maturité en 1853, dans mon dernier voyage des mers du Sud.

Arrivé au Hâvre, je fis part de ce progrès, par une lettre, au *Journal du Hâvre;* mais pliant sous l'intensité de la maladie que j'avais contractée sur les côtes du Brésil, qui furent si funestes en 1853 pour les Européens, je fus contraint de ne plus tenir aucun compte de cette conception, et de retourner dans ma famille. Depuis cette époque, cessèrent ma vie de cosmopolite et cet amour de la science qui avait absorbé toute ma jeunesse.

Pour quoi cette abdication? C'est qu'il arrive un temps dans l'existence d'un homme où le dégoût le plus profond le prend même pour les plus nobles aspirations de sa jeunesse devant son isolement absolu.

Cet isolement le tue; il se dresse incessamment devant lui, ainsi qu'une ironie, ainsi qu'un spectre sardonique se riant des efforts impuissants d'un génie enchaîné et voulant soulever le monde. Or, cette heure fatale des déceptions sonne pour l'homme lorsqu'il se fait vieux, et je me fais vieux.

Mais deux ans après mon retour en France, quel fut mon étonnement de lire dans les journaux qu'un capitaine au long-cours du Hâvre mettait en pratique la pro-

pulsion d'un navire par un nouvel appareil à vent,
qui devait produire les résultats que j'avançai dans
ma lettre au *Journal du Hâvre*. Quel était cet appareil?
qui pouvait l'avoir fait surgir du cerveau d'un capitaine
au long-cours ? je ne l'ai jamais su.

Ce qu'il y a de certain, c'est que cet appareil n'eut
pas de succès, et qu'il était aussi difficile de saisir dans
ma lettre au *Journal du Hâvre* que dans cet écrit, la
conception réelle de mon moteur.

Donc, il ne faut pas d'avance arguer de cet insuccès
d'une première entreprise (peut-être identique par ses
annonces à ce que je viens d'exposer), pour ne tenir
aucun compte d'une conception longtemps mûrie et en
quelque sorte continuellement alambiquée pendant plusieurs années.

Une conception ne peut guère se transmettre à autrui;
et il n'y a que son véritable père qui puisse lui faire
atteindre sa majorité.

Longtemps avant M. Mathieu (de la Drôme), sept ans
avant même qu'il songeât à la météorologie, j'avais déjà
publié en plusieurs fois mes calculs sur l'influence frigorifique des satellites, comme vous le savez, M. Le Verrier;
et cependant M. Mathieu (de la Drôme) s'est encore égaré
sur bien des points astronomiques. Si le capitaine au
long-cours du Hâvre voulut aussi mettre en pratique ma
théorie de la déviation du vent, certes il n'a pas moins
échoué dans son entreprise.

Mais dans l'un et l'autre cas, est-il présumable que
mes écrits soient jamais parvenus, soit à M. Mathieu (de
la Drôme), soit au susdit capitaine ? je ne le pense
point; car chaque siècle n'a-t-il pas ses découvertes qui
lui sont propres, dont l'air est en quelque sorte saturé

et que chacun respire ? C'est que ces découvertes sont appelées par le progrès humain et par l'intérêt universel.

D'après ce qui précède, vous voyez, M. Le Verrier, que nous avons encore bien des mouvements nouveaux à retirer de la puissance de l'atmosphère terrestre, puissance la plus économique, toujours présente sur tous les points du globe, et dont l'étendue n'a pas encore de limites connues pour l'homme.

« Folie sous le couvert de l'énigme ! » Telle d'avance, Monsieur Le Verrier, je lis, au fond de votre pensée, la réponse à ma proposition de navigation aérienne; car depuis longtemps j'ai appris à lire dans le cœur humain, où se prononcent des arrêts d'autant irrévocables qu'ils sont préconçus.

Quoique devant un tel énoncé de navigation aérienne ne vous donnant aucun indice sur la construction de mon appareil aérostatique, je puisse vous paraître un échappé d'une maison de fous, permettez-moi cependant, et quel que puisse être à cette heure votre jugement à mon égard, de ne pas publier ici aucun détail de construction d'un tel aérostat.

Un intérêt public, plus grand que celui de mon amour-propre, m'oblige de me taire à ce sujet.

Le problème de la navigation aérienne résolu est une chose aussi terrible que bienfaisante par ses résultats sociaux.

C'est une révolution radicale dans la société humaine.

Entre les mains d'hommes de progrès, c'est un bienfait immense; entre les mains de quelques scélérats, ce serait la calamité humaine la plus épouvantable.

Par elle, les horreurs de la guerre seront si terribles, que la guerre deviendra impossible.

Quelques hommes montés sur mon aérostat peuvent en quelques minutes recueillir sur ses colossales surfaces la foudre du ciel, et l'agglomérer par divisions en quantité énorme.

Ainsi armés, et à l'aide d'un simple conducteur presque invisible, et à une distance à l'abri de tous projectiles des canons les plus puissants, ces quelques hommes foudroyeront une armée, avec d'autant plus de facilité que les soldats de cette armée portent chacun des pointes d'acier, soit par leurs sabres, soit par leurs baïonnettes.

La chimie venant en aide, ces quelques hommes pourront, en se transportant en quelques heures d'une extrémité de l'Europe à l'autre, incendier les moissons et foudroyer et brûler tout à la fois les villes les plus populeuses.

Mais aussi la navigation aérienne entre les mains d'hommes amis de l'humanité, reliera tous les peuples en une seule famille ; elle fera tomber les barrières qui parquent les nations ainsi qu'un bétail.

Si son influence destructive est énorme, son influence civilisatrice ne l'est pas moins ; par elle l'homme deviendra le maître de la météorologie locale. A son gré il dirigera les éléments les plus capricieux, les éléments atmosphériques.

Mais il n'appartient pas à un homme dont le pouvoir politique est nul de divulguer une puissance aussi terrible dans quelques-uns de ses effets. Je n'ai jamais prêté d'armes aux mauvaises passions, et ce n'est pas à mon âge que je commencerai.

Quoiqu'un peu philosophe, je suis national avant tout ; aussi, ma pensée et mes travaux sont-ils pour la France ; gratuitement, comme toujours, je suis à son service, avec toute l'intelligence que Dieu peut m'avoir fait don par l'étude de ses œuvres.

Aussi, ce n'est qu'au gouvernement français et à lui seul, ou à une société choisie et autorisée par lui, que je soumettrai mes plans sur l'exécution la plus simple, la plus facile d'un agent nouveau appelé à transformer, mais alors sans secousses violentes, l'esprit et les mœurs de la société humaine, en élevant l'existence de son bien-être matériel à la certitude mathématique.

Dans la solution de ce problème de la navigation aérienne, réside en vérité l'avènement de ce règne du Christ, tel qu'il fut tant prophétisé, tant désiré et redouté tout à la fois et par les savants de la plus haute antiquité et par toutes les générations des siècles : symbole sacré de l'humanité réhabilitée, purifiée, « ce règne divin (c'est-à-dire » règne du bien remplaçant celui du mal) entendra sonner » son heure, *lorsque le fils de l'homme apparaîtra à la* » *Terre au sein des feux de la gloire du ciel, et assis* » *sur la nue grosse des tonnerres.* »

Car telle la fin du mal est annoncée par la prophétie, par cet instinct humain qui tinte éternellement à notre esprit cet aphorisme : que l'humanité n'a pas été jetée comme un damné sur cette Terre afin d'y traîner une vie éternelle de misères ; mais bien pour y perfectionner son intelligence, pour comprendre son Créateur dans toute sa gloire, et dont elle est appelée à devenir un de plus beaux rayons : but final de la vie humaine ; car ma pensée n'en peut découvrir d'autre à notre droit de vivre.

La science seule peut nous conduire et nous conduit inévitablement à ce but glorieux, où une volonté mystérieuse, invisible, pousse sans cesse l'humanité, ainsi que l'Isaac Assuérus de la légende.

En effet, chacune des découvertes que l'homme retire de ce vaste champ intellectuel nous donne pour récompense l'anéantissement d'une misère de moins et la possession d'un bienfait éternel de plus ; lorsque l'ignorance des peuples est manifestement la source inévitable de tous les maux sociaux et de ces terribles éruptions de l'esprit humain en révolte soudaine contre sa propre inertie, brisant périodiquement ses entraves pour laisser passer ses laves brûlantes, longtemps contenues et mille fois plus effroyables que celles du volcan, son identique figure.

C'est que, comme un bon père, notre Créateur veut dans l'homme un fils grand et puissant, un fils digne de lui enfin ; aussi le rejette-t-il dans la fange de la bestialité, lorsque ce fils, abruti par l'ignorance, méconnaît ses glorieuses destinées ; car la parabole de l'arbre de la science, écrite dans la Genèse, est loin d'avoir la signification vaine et ridicule que lui prête le sceptique.

En vérité, je crois que ce que Dieu déteste le plus dans l'homme est la paresse d'esprit ; car il inflige à cette paresse, aussi bien qu'à celle du corps, ses plus terribles corrections morales et physiques.

Je ne doute pas, Monsieur Le Verrier, que comme homme de progrès, vous ne partagiez cette opinion purement philosophique.

Par conséquent je peux espérer, non par un égoïste sentiment de vanité à moi personnel (car que serons-nous tous deux avant peut-être vingt-cinq ans ? quelques cendres oubliées), mais pour le bien public, qui sans doute vous est aussi cher qu'à moi, j'espère enfin que vous voudrez lire, discuter et critiquer, autant que faire se peut, les quelques nouvelles données scientifiques contenues dans ce petit livre, que je suis loin de croire parfait.

Mais du choc des idées jaillit la lumière ; vieil adage qui possèdera éternellement sa valeur.

Pour terminer et afin que vous n'ignoriez pas tout ce

que les sciences peuvent retirer de ma nouvelle physique céleste, je dois vous affirmer que j'ai à peine ici traité le quart du nombre des solutions qu'elle m'a données ; car je n'ai encore rien trouvé en astronomie, en météorologie, en géogénie, en géognosie, en géologie, en physique et en chimie, qu'elle ne puisse résoudre : tels que vicissitudes des saisons, mouvements magnétiques de la Terre ; tels qu'une infinité d'autres phénomènes terrestres, et l'histoire complète de l'Univers venant confirmer chacune des grandes vérités écrites dans la Genèse.

Enfin des ténèbres du passé de notre monde, cette théorie astronomique peut nous transporter vers les limbes de l'avenir réservé à l'humanité et à son séjour, en nous démontrant dans les antiques prophéties humaines, touchant l'anéantissement de notre monde, une science qui, si elle n'était pas le fruit d'une révélation divine, serait en toute vérité le résultat d'une science complète de géogonie perdue depuis longtemps ; car nous ne trouvons rien jusqu'ici dans l'histoire profane de l'humanité pouvant nous démontrer que même jusqu'à ce jour l'homme ait atteint à la hauteur d'une science aussi vaste.

Donc de deux choses l'une : ou il faut que les écrivains de la Genèse aient été guidés par une révélation suprême et mystérieuse, ou qu'ils aient été considérablement plus instruits dans toutes les sciences que les plus grands savants de notre siècle, usurpant le titre de siècle des lumières.

Mais qui pourra pénétrer ce mystère couvert par la mort ?

Lorsque je lis dans l'Evangile ces paroles du Christ

irréfutablement appliquées à la destruction de notre monde matériel :

32. « Quant à ce jour-là, ou à cette heure, nul ne sait, » ni les anges du ciel, ni le Fils, mais le Père seul.

33. » Prenez garde à vous; veillez et priez, parce » que vous ne savez quand ce temps viendra. »

Evangile selon saint Marc, chapitre XIII.

Je crois à la vérité de ces paroles comme je crois à la vérité de l'existence de Dieu; car la science du ciel me démontre que notre monde (l'humanité et la Terre), périra par un effet imprévu, pouvant arriver aujourd'hui, demain ou à la suite d'une période infinie de siècles, mais dont il n'est pas permis à l'homme de préciser l'époque fixe, puisque le Christ lui-même ne le voulut ou ne le put faire, effet qui ne sortira que de la volonté omnipotente de celui qui a tout produit de lui et par lui.

D'où naît le peu de foi, l'incrédulité dont on accuse notre siècle sur les choses saintes ? Uniquement, sinon de la perte mais plutôt du manque d'intelligence des antiques traditions touchant l'histoire de notre monde, et de ce que notre siècle est encore loin du sommet de la science. A demi savant, comme tel il est encore dans le doute. Il n'est pas encore sorti de l'école de saint Thomas : il lui faut des preuves.

Dieu et le christianisme, son œuvre de prédilection, n'ont rien à craindre de la lumière; et ils sont si loin de vouloir redouter ces preuves de leur gloire immortelle qu'ils permettent à la faiblesse humaine de pouvoir s'élever jusqu'à leur divine connaissance.

Sans doute la foi aveugle est plus méritoire; mais le Christ maudit-il saint Thomas d'avoir douté ? non; c'est que Dieu est assez puissant, assez vrai dans ses œuvres sublimes pour être honoré d'une foi éclairée et savante.

Est-ce que la lumière peut être sympathique aux ténèbres ?

Auguste FIÉVET.

Epernay, 18 septembre 1863.

Châlons-sur-Marne, typ. H. Laurent.